U0917266

孩子受益一生的
逻辑思维

[日] 伴度 著 | [日] 茂木秀昭 监制 | 胡佳 译

中国画报出版社 · 北京

图书在版编目（CIP）数据

孩子受益一生的逻辑思维 /（日）伴度著；（日）茂木秀昭监制；胡佳译. -- 北京：中国画报出版社，2023.11

ISBN 978-7-5146-2277-5

Ⅰ. ①孩… Ⅱ. ①伴… ②茂… ③胡… Ⅲ. ①逻辑思维—少儿读物 Ⅳ. ①B804.1-49

中国国家版本馆CIP数据核字(2023)第185177号

孩子受益一生的逻辑思维
［日］伴度 著　［日］茂木秀昭 监制　胡佳 译

出 版 人：方允仲
责任编辑：郭翠青
助理编辑：王子木
责任印制：焦　洋

出版发行：中国画报出版社
地　　址：中国北京市海淀区车公庄西路33号
邮　　编：100048
发 行 部：010-88417418　010-68414683（传真）
总编室兼传真：010-88417359　版权部：010-88417359

开　　本：32开（880mm×1230mm）
印　　张：4.5
字　　数：120千字
版　　次：2023年11月第1版　2023年11月第1次印刷
印　　刷：天津旭非印刷有限公司
书　　号：ISBN 978-7-5146-2277-5
定　　价：49.80元

译者序

什么是逻辑思维？

我们在工作中听了某位资深专家的精彩案例评析后，常常汗颜：有些信息明明自己也知道，可就是没对方讲得有深度。同一件事，对方阐述出来条理清晰、有理有据，可自己话到嘴边却不知道该怎么说，即使说出来了也抓不住重点，让人听得一头雾水……

造成这些差距的原因，除了每个人的知识储备量各异之外，还有一点尤为重要，那就是每个人的逻辑思维能力有高有低。有些人之所以能把一件事讲得头头是道、通俗易懂，正是因为他们具备强大的逻辑思维能力。

逻辑思维，就是正确、合理地思考的能力。

我们知道，思考都是从问题开始的。当人们发现问题时，通常会说："让我想一想。"这里的"想一想"就是思考。很多时候，通过想一想就能解决问题，而人们从发现问题到解决问题的整个过程就是在充分发挥逻辑思维能力。

逻辑思维能力在一个人一生的任何阶段都起着相当重要的作用。人的逻辑思维能力是从孩童时期就开始发展的。瑞士著名儿童心理学之父让·皮亚杰认为:“由于逻辑运算触及了认知的本质,因此,孩子的逻辑思维能力能直接或间接决定孩子智力的发展。”可见,如果父母能牢牢把握住孩子逻辑思维能力发展的黄金期,注重对孩子逻辑思维能力的培养,这将对孩子一生的发展起到非常重要的奠基性作用。

那么,孩子逻辑思维能力发展的黄金期要从几岁开始算起呢?

意大利著名儿童教育学家玛利娅·蒙台梭利曾指出,儿童从3岁开始进入逻辑思维能力的敏感期。这时,儿童的思维能力将进入一个快速发展的阶段;到了8岁以后,增长速度会明显放缓。也就是说,3~8岁是儿童逻辑思维能力发展的黄金期,一旦错过这个“机会窗口”,父母对孩子的逻辑思维能力的培养就会变得事倍功半。

本书的作者伴度作为日本逻辑思维领域的知名专家,对儿童逻辑思维的训练有着相当深入的研究和分析。在这本书里,他牢牢抓住孩子从形象思维向逻辑思维发展的关键期,帮助孩子由浅入深地训练逻辑思维。书中不仅有理论,有思考,有对话,有漫画,更有数十道高质量的逻辑分析训练题,旨在通过轻松有趣的方式高效开发孩子的逻辑思维,让逻辑思维成为伴随孩子一生的硬本领。

请相信，孩子要远比我们想象中优秀得多，作为父母，唯一要做的就是在合适的时间对其进行正确的引导。让孩子从小就拥有强大的逻辑思维能力是父母梦寐以求的心愿。现在，快带上你的孩子一起踏上逻辑训练之旅吧！

胡佳

目录

第一章

想一想，你更想听谁说话

【趣味猜谜】

第二章

究竟什么是逻辑思维

【趣味猜谜】

第三章

逻辑思维能帮助我们走出困境

【趣味猜谜】

第四章

让思维公式成为行动指南

【趣味猜谜】

第五章

在日常生活中锻炼逻辑思维

【趣味猜谜】

第六章

固有的思维习惯不利于逻辑思维的培养

【趣味猜谜】

第七章

让逻辑思维成为强大内心的秘密武器

【趣味猜谜】

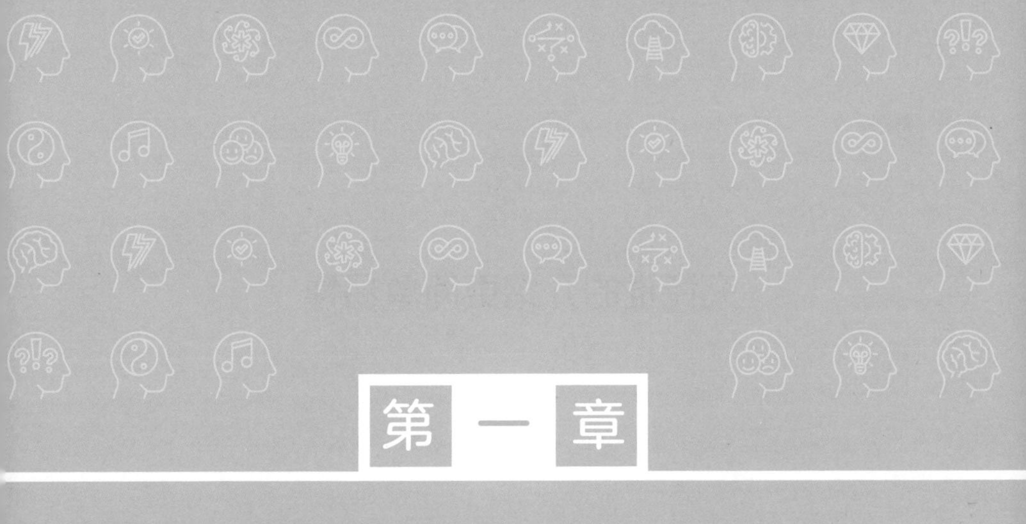

第一章

想一想，你更想听谁说话

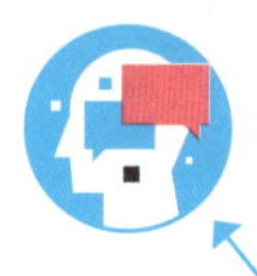

1

究竟谁的介绍更简单易懂

★都夸某人厉害，究竟厉害在哪里?

朋友A和B都想向你介绍效力于美国职业棒球大联盟（MLB）的大谷翔平，想让对棒球一无所知的你了解这位棒球明星的过人之处。

A是这样介绍的:

大谷可谓是职业棒球大联盟的核心人物，也是罕见的投、打双修的“二刀流”选手；不仅在日本棒球界尽人皆知，在美国也极具人气。

B的介绍是:

大谷在MLB中，除了拥有超过160千米/小时的惊人球速外，还拥有相当优秀的长打能力，他击出的本垒打无人能敌。2021年大谷打破了松井秀喜单季31支本垒打的日本纪录，而且，在打破纪录之际，赛程还处于整个赛季的前半段！大谷的投、打双修颠覆了棒球界的一般常识。

听了A和B的介绍，我们或多或少了解了大谷的厉害之处。那么，究竟谁的介绍更简单易懂呢？A和B的介绍又有何不同之处?

究竟谁的介绍更简单易懂？

大谷的投球盖世无双！击球也出类拔萃！在美国极具人气！

大谷除了可以投出超过160千米/小时的惊人球速外，在MLB中，本垒打的数量也位居日本选手的榜首。

究竟谁的介绍更简单易懂呢？

A　B

对棒球非常了解的A用各种赞美的辞藻夸赞了大谷的球技。经过他的介绍，我们知道了大谷的确很厉害！

B虽然没有使用十分华丽的赞美辞藻，却详细介绍了大谷究竟厉害在哪里，让倾听者的敬佩之情油然而生。

A虽然对大谷赞不绝口，却忽略了对其过人之处的具体介绍，所以倾听者只知道大谷厉害，却不知道其厉害之处。与之相反，B只用了几个简单的数据就让倾听者对大谷顿生敬佩之情。

想一想

- 谁的介绍让你对大谷的厉害之处更加心中有数？
- 当有人向你夸赞某人时，你作何感想？难道你不想知道这个人究竟厉害在哪里吗？

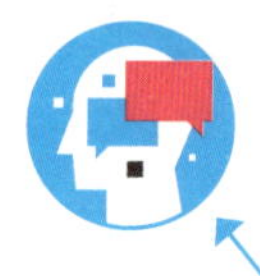

2

你更喜欢哪种说话方式

★即使诉说的是同一件事，不同的说话方式也会让传达效果迥然不同

经常乱扔脏袜子的你，每天都被母亲严厉训斥。其实你也知道自己应该将脏袜子放到洗衣筐内，可总是记不住。

“对于你乱扔脏袜子的问题，我已经讲了无数遍了，为什么你还是记不住，真是对牛弹琴！”如果你被母亲如此训斥，会作何感想？

“我每天的说教似乎对你没有任何效果。是不是妈妈的说话方式让你难以接受？让我们一起来探讨这件事的解决方法，好不好？”如果母亲能以温柔、商量的口吻说话，你又会怎么想？

不论母亲以上述哪种口吻说话，她的目的只有一个：就是让你将脱下来的脏袜子放到洗衣筐内。

那么，坦白而言，你更愿意接受哪种说话方式呢？我想，应该没有人会选择前者。只有面对母亲温柔、商量的口吻，我们才会心服口服地听从她的建议吧！

由此可见，即使诉说的是同一件事，不同的说话方式也会让传达效果迥然不同。那么，上述两种说话方式究竟有何不同呢？让我们一起来思考其不同之处吧！

你更愿意听从谁的意见？

对于你乱扔脏袜子的问题，我已经讲了无数遍了，为什么你还是记不住，真是对牛弹琴！

是不是妈妈的说话方式让你难以接受？让我们一起来探讨这件事的解决方法，好不好？

你更接受哪种说话方式？

火冒三丈的母亲

心平气和的母亲

虽然我知道乱扔脏袜子不好，但是母亲也没必要每次都歇斯底里地指责我吧！她的态度真的让我很恼火。

如果追究对错，毋庸置疑，我负全责。母亲明明没有错，却还放低姿态和我商量解决之策。今后，我一定要将脏袜子放进洗衣筐里。

你更愿意接受哪种说话方式呢？如果你想让某人去做某事，你的说话方式能让对方心服口服吗？

想一想

- 如果经常被训斥责备，你会是怎样一种心情？
- 你是否有过这样的经历：同一件事被同一个人以不同的方式说出来，带给你的感觉却截然不同？

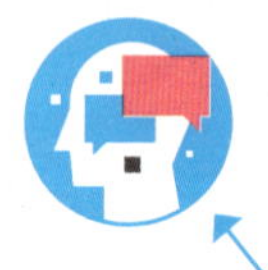

3

究竟和谁聊天更舒适

★有时，聊不下去是有原因的

一次，你和A、B两个朋友聊起了某个偶像男团。你认为男团成员个个阳光帅气、气宇不凡，而A和B似乎并不太喜欢此组合。

“我非常喜欢那个偶像男团！”你兴奋地说道。此时，A说：“我倒觉得他们没有什么特别之处，丝毫不感兴趣！”

接下来，B说道：“我虽然不太喜欢这个组合，但不可否认的是，这个组合的舞蹈功底的确很棒，唱歌也很好听。”

于是，你对A说：“你看过他们的表演吗？”“没有。”A答道。“那你不妨去看看。”你建议道。但是，A却断然拒绝道：“不用看我也知道他们根本比不上日本的王牌组合——岚组合（ARASHI）。”

随后，A和B便滔滔不绝地聊起了岚组合，“魅力四射”“气宇轩昂”等赞美之词不绝于耳。

通过与A、B两人的聊天，你觉得和谁说话更舒适，还想继续和谁聊下去？虽然A和B都对男团不感兴趣，都更喜欢岚组合，但是应该没有人愿意再和A聊下去。其原因何在，值得我们深思。

你更想和谁继续聊天？

不用看我也知道，那个偶像男团根本比不上日本的王牌组合——岚。

虽然我觉得他们的唱跳实力不容小觑，但是，我是岚组合里相叶雅纪的超级粉丝，全世界没有谁比我更喜欢他，所以岚组合也成为我心中的唯一。

你更想和谁继续聊天？

A

B

A都没见识过那个偶像男团的唱跳实力，就妄下定论，这样的认知是否太过绝对呢？

B虽然清楚他们的过人之处，但还是最喜欢岚组合。毕竟各有所好嘛。或许我应该多了解一下我并不熟悉的岚组合。

A都未曾看过那个偶像男团的表演，就断定岚组合更厉害，实在缺乏说服力。

想一想

- 你是否也有生活中避之不及的人？请想一想原因何在。
- 在和他人的交谈中，你是否很好地扮演了倾听者的角色？

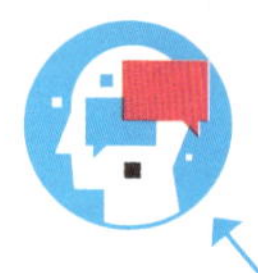

4

究竟谁说的话模棱两可，让人着急

★面对对方的提问，含糊其词的回答会招致反感

你正在和朋友们商量去游乐园游玩一事。一提到游玩，你兴高采烈地举双手赞成，未经思考就说自己想去。而此刻，朋友A和B却面露难色，鉴于此，你开口询问二人的意见。

A说：“我当然很想去游乐园，但是必须征得我父母的同意，等我回家问一下他们的意见，明天给你回复。”

紧接着，B开口说道：“我以前去过这个游乐园，里面有一个超大的摩天轮，风景也很棒。唯一不足的就是坐过山车的时候需要排队等候。而且这个游乐园比较远，没有成年人的监护会不会有危险呢？嗯……好纠结。可是，游乐园有很多好玩的项目，我还是蛮想去的。”

从上面的对话中，我们发现：A的叙述直奔主题，虽然需要征求父母的意见，可是A已经开门见山地表达了自己很想去的心情；而B自始至终都未明确自己是否想去，其回答含混不清，让人一时摸不着头脑。你觉得谁说的话容易招致反感，其原因何在呢？

究竟谁说的话模棱两可，让人着急？

我当然很想去游乐园，但是必须征得我父母的同意，等我回家问一下他们的意见，明天给你回复！

以前我去过这个游乐园，所以去还是不去一直举棋不定。我有想去的意思。

究竟谁说的话模棱两可，让人着急？

A　　B

不经父母同意当然不能擅自做主。这一点无可厚非。我也得回家询问一下我父母的意见。

我并没有问B是否去过这个游乐园，而她却答非所问。难道不能明确地告诉我去或者不去吗？

针对对方的提问，A立刻做出了回复，而B却顾左右而言他。正在阅读本书的你属于哪种类型呢？

想一想

- 你是否也对B的答复抱有不满呢？你考虑过其中的原因吗？
- 当他人想听取你的意见时，你是立刻答复呢，还是最后一个回答？

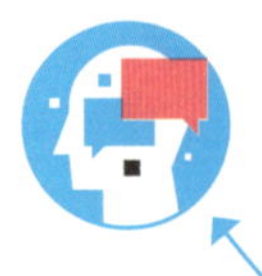

5

你更赞同谁的观点

★深思熟虑后再决定赞成还是反对

你和A、B两个朋友相约去邻镇的泳池游泳，你们就出行方式展开了如下讨论。

你开口问道："你们觉得应该采用哪种出行方式呢？"

A说："我觉得坐汽车比坐火车好。"

B说："我倒觉得坐火车比坐汽车好。"

接下来，两人分别阐述了各自的观点。

A说："我就喜欢坐汽车，所以汽车一定是我的首选。"

B说："虽然我也喜欢乘坐汽车，但是我认为火车的性价比更高一些。例如，相较汽车210日元（1日元≈0.0508人民币）的票价，火车的票价仅为120日元，而且每小时火车的发车次数要远远超过汽车。"

A说："不就相差90日元吗？这么小的差价，还是选择汽车吧。"

B说："90日元能买一支冰激凌呢。明明只花120日元就能抵达目的地，为什么偏要多花90日元呢？"

于你而言，如果只关心哪种出行方式耗时较短，能够为游玩省下更多时间的话，你更赞同谁的观点呢？

你更赞同谁的观点？

相较坐火车，我更喜欢坐汽车，所以汽车一定是我的首选！你们就满足我的愿望吧！

坐火车不仅便宜，车次也多。而且，火车的速度更快，可以将节省下来的时间用在游玩上。此外，可以将90日元的差价用来买冰激凌吃，何乐而不为呢？

A

你更赞同谁的观点？

B

我很理解A想坐汽车的心情，可是汽车票价高，还要以牺牲游玩时间为代价，所以此提议有待商榷。

B虽然也喜欢乘坐汽车，但是考虑到火车票价低、能有效利用时间等因素，果断向大家建议乘坐火车。

在上述案例中，如果B故意说自己讨厌乘坐汽车、坚持选择火车的话，A、B两人定会发生激烈的争执，讨论也有可能陷入僵局。恰恰相反，B在论述自己的想法时，有理有据，让听者不得不心服口服。

想一想

- 你赞成A还是B？
- 为何赞成，又为何反对？请说出理由。

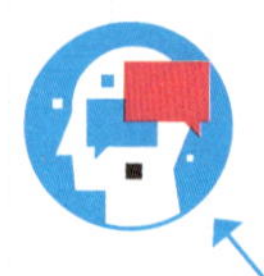

6

你更赞成哪一方

★你会因喜欢一个人就唯他马首是瞻吗？

班会上，大家就“班级里总是按照少数服从多数的原则决定各项事宜，这样真的合理吗”展开了讨论。

A说：“日本国会都认同这种表决方式，证明少数服从多数原则是经得起历史考验的，而且事实证明，一旦采用此表决方式，就能立刻做出决定，避免了时间的浪费。”

但是，B却提出了不同的观点：“我不否认少数服从多数原则的合理性，但是我反对不听取少数人的意见就妄下定论的做法。因为很多时候，大家在听完少数人的意见后，会改变自己最初的想法。所以，只有在听取完各方意见后的表决才更得人心。”

此时，你的内心有些复杂。一方面，站在客观角度来讲，你更赞同B的说法，可是你和B关系淡薄，和A却是好朋友，所以你觉得应该站在好友A的一方；另一方面，你又觉得仅仅因为友情就否定B的观点，着实违背了自己的本心。

所以，究竟是站在和自己意见相悖的好友A一方呢，还是站在和自己意见一致但是关系淡薄的B一方呢？这个问题的确值得深思。

你更赞成哪一方？

日本国会都认同这种表决方式，证明少数服从多数原则是经得起历史考验的。而且事实证明，一旦采用此表决方式，就能立刻做出决定，避免了时间的浪费。

我不否认少数服从多数原则的合理性，但是我反对不听取少数人的意见就妄下定论的做法。因为很多时候，大家在听完少数人的意见后，会改变自己最初的想法。所以，只有在听取完各方意见后的表决才更得人心。

A

你更赞成哪一方？

B

说实话，我并不赞成A的观点。但是，我和A是无话不谈的好朋友，所以还是想站在A这一方。

其实，我和B的想法一致。但是，我们俩平常关系淡薄。此外，我很难不考虑好友的心情，若无其事地站在B的一方。

究竟选择赞成A还是反对A？当你犹豫不决时，很容易做出违背本心的判断。也就是说，此刻摇摆不定的你可能已经忘记了初心。所以，一定要静下心来仔细考虑。

想一想

- 如果好友陈述的观点和你的想法背道而驰，你还会持赞成意见吗？
- 如果关系淡薄的人和你观点一致，你还会支持他吗？

趣味猜谜

1元钱去哪儿了？

莉莉、明明和乐乐一起去超市买零食。他们看到一盒巧克力30元，于是每人拿出10元买了一盒巧克力。结账时，收银员告诉他们："今天超市有优惠，这盒巧克力只要25元，这是找给你们的5元。"乐乐说："那我们分了这5元吧！"莉莉说："可是3个人没法平分5元。要不我们每人分1元，用剩下的2元去买一包瓜子。"乐乐、明明听了都表示赞同。

回家的路上，明明说："我们每人花了9元，3乘9元等于27元，又买了一包瓜子，一共花了29元，还有1元钱去哪儿了呢？"莉莉和乐乐也齐声道："是呀，怎么少了1元呢？"

同学们，你们知道这1元钱去哪儿了吗？

答案见本书119页。

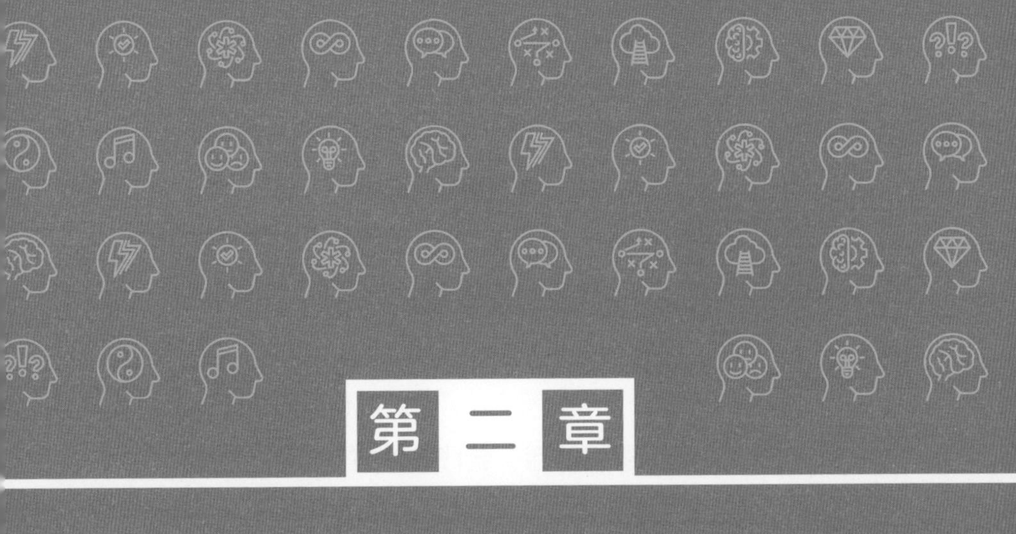

第二章

究竟什么是逻辑思维

1

什么是逻辑

★语无伦次、毫无逻辑的话，会成为双方沟通的壁垒

我们经常说的“逻辑”，用英文表示为“logic”。而“logical”则是“logic”的形容词，译为“有逻辑的、合理的、有条理的”，其反义词是“无逻辑的、颠三倒四的、不合理的”。

一个逻辑清晰的人往往能做到有逻辑地说话和思考。与之相反，不具备逻辑思维的人经常说话语无伦次，大脑一片混乱。

如果老师对你说“你视力不好，请往前坐”，应该没有人会提出质疑。因为让视力不好的人往后坐，只会更看不清黑板，所以往前坐是理所应当的、合乎常理的。但是，如果老师对你说“因为你视力不好，现在你立刻去绕操场跑10圈”，你一定不会认同老师的说法，因为其要求完全不合情理，毫无逻辑可言。

人生在世，我们每个人都想成为他人信赖的伙伴。但是，如果你说话总是语无伦次、毫无逻辑，就很难得到他人的完全信任。所以逻辑清晰地说话和思考对我们的人生至关重要。

掌握“logic”和“logical”的含义

逻辑【logic】

【词性】名词

【含义】逻辑；道理；辩论、思维、推理的步骤

【例句】你发言中的逻辑性有了质的飞跃。

简而言之，就是个人的想法或解释说明能被大众所认可。

逻辑的【logical】

【词性】形容词

【含义】有逻辑的；合情合理的

【例句】我不太清楚你想表达的意思，请进行有逻辑的说明。

众所周知，1+1=2，如果有人回答1+1=5，就是不合常理的、不具备逻辑性的。

想一想

- 你喜欢和说话语无伦次的人交朋友吗？
- 你想成为逻辑清晰的人，还是毫无逻辑的人？

2

充分理解主观和客观的差异

★主观是指人的意识、精神，而客观则独立于意识之外

前文中提到，你认为“那个偶像男团是不可匹敌的”，那么，这就是你的主观意识。主观是指个人的想法、判断以及对事物的评价。换言之，就是人类意识的内在活动。此外，在前文中，朋友A说“我倒觉得他们没有什么特别之处”，这便是A的主观想法。

主观的反义词是客观，是指不站在任何特定立场，以观察者的视角进行思考、判断和评价。换言之，就是基于客观事实的评价。例如，“那个偶像男团很受欢迎”便是一个客观评价。因为其事实论据为：他们的演唱会门票一售即空，而且他们的歌位居流行歌曲排行榜的榜首。即使有人再不喜欢此组合，也不得不承认既定存在的客观事实，而且此事实无法以个人的主观意志为转移。

主观和客观并无好坏之分。于我们而言，最重要的是理解主观和客观的差异。这样一来，我们就能以主观和客观两个视角来辩证地看待事物。

主观和客观视角下的偶像男团

主观意识

他们是不可匹敌的。

主观意识

他们没有什么特别之处。

客观评价

他们很受欢迎。

事实已经向我们证明了他们受欢迎的程度。

- 演唱会门票一售即空
- 他们的歌位居流行歌曲排行榜的榜首
- 广告中的出镜率高
- 粉丝众多

虽然我并不觉得他们有多么厉害，但是我无法否认该组合“很受欢迎”的客观事实。所以主观和客观是存在差异的。

想一想

- 你是如何评价爱迪生的？请从主观和客观两个角度分析。
- 你是否曾站在客观的角度评价过自己？

3

请理性思考，勿让感性支配大脑

★一旦让感性支配大脑，后悔便会接踵而至

正在阅读本书的你是否有过这样的经历：因一时愤怒或冲动做出让自己追悔莫及的事。例如，正当你玩游戏玩得兴起时，父母突然出言阻止，并在你耳边不停地唠叨，而你在忍无可忍之下摔坏了游戏机手柄。不可否认，将手柄扔向地面的瞬间，你的内心有过一时的舒畅和轻松，但事后想起来也能如此轻松愉悦吗？答案显然是否定的。你一定会对自己的所作所为万分后悔，还会不断质问自己：为何因一时冲动就摔坏了自己的心爱之物？究其原因在于，某些时候，感性完全支配了大脑，让我们无法静下心来思考后果。

人类身为感情动物，有喜怒哀乐是很正常的，这并不是人类的过错。具有丰富的情感是一件非常美好的事情。但是，凡事都要有一个度，如果遇事过于感性，便超过了这个度。所以，遇事沉着冷静、分清主次、理性地思考和行动是十分重要的。

所谓理性，是指个人行为不受感情支配、不感情用事。当然，如果每个人都能理性思考，就不会出现文章开头摔坏游戏机手柄的事件了。

理解理性和感性的不同之处

感性

缺乏理性，用感情支配思考和行为。大脑往往处于兴奋的状态。

理性

不受本能和感情支配，能够冷静地做出理性判断。

理性

有逻辑地进行思考。根据事物的逻辑关系进行判断、采取行动。

如果失去理性，就会做出许多常人不能理解的荒唐事。可事实证明，实现理性思考和理性做事绝非易事。

如果做事缺乏理性，最后遭受损失的还是自己。虽然我们很难做到不感情用事，但是，只要我们尽量控制自己的情绪，用理性思维沉着冷静地思考和行动，便是很大的进步了。

想一想

- 你曾因感情用事失败过吗？
- 请寻找一个适合自己的方法，让理性成为指导行动的指南。

4

三角逻辑的思考方式是逻辑思维的基础

★牢记三角逻辑的框架

很多时候，我们也想有逻辑地进行思考，但是却无从下手。此时，如果有一套逻辑思维方法可以直接拿来套用的话，就最便利不过了。而此方法的确真实存在，它被称作三角逻辑。

三角逻辑由以下3个要素构成。

①主张（提议）——个人想表达的观点

②数据（事实、统计数据）——客观数据、专家建议等

③论据（理由）——结合主张和数据的理由

例如，你想向父母申请增加每月的零花钱。增加零花钱就是你的主张。但是，如果你的论述不具备足够的说服力，就很难取得父母的同意。因此，你调查了全班同学零花钱的金额，数据表明：你的零花钱低于全班平均水平。接下来，你又列举了比较有说服力的论据，如“当同学们兴致勃勃地讨论某部漫画时，我都插不上嘴，因为我根本没有买漫画的钱”……若想让你的说明看起来富有逻辑性，除了主张，数据和论据同样也起着举足轻重的作用。三个要素是相辅相成，缺一不可的。请大家牢记下面的三角形逻辑框架。

三角逻辑

虽然，我对三角逻辑的理解还不够透彻，但是，此方法似乎能帮助我增加零花钱，不管怎样，先记住三角逻辑的框架终究是没错的。

主张

· 个人想表达的观点（主张、提议）
· 从蛛丝马迹中推测出事实似乎并非如此（推论）
· 提出“事实似乎并非如此”的说法（假说）

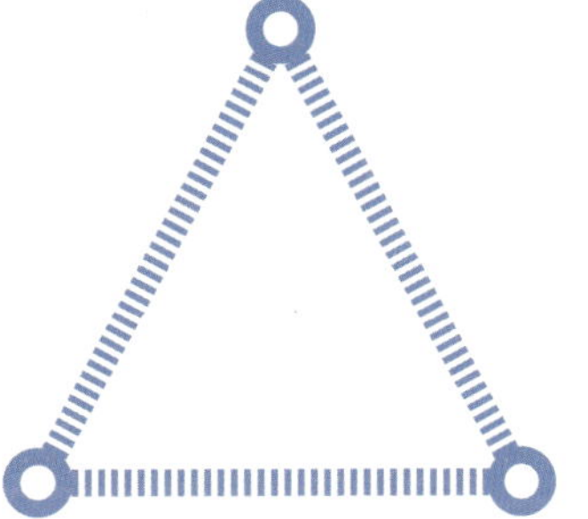

数据

事实
根据

论据

理由

三角逻辑的思考方式是逻辑思维的基础，后文中还会进行深入的解释说明。此刻，请先牢记该框架。

想一想

- 你在和他人对话时或者你求人办事时，是否全程都在论述自己的主张？
- 没有数据和论据支撑的论述，会给人怎样的感觉？

5

尝试用三角逻辑表达自己的观点

★发表意见时，用数据和论据做支撑

如果你想表达自己的观点，可以有意识地使用三角逻辑，如此一来，你说的话会更具逻辑性。

例如，看到下文这张拉面馆的照片时，A开口说道：“这家拉面馆的拉面绝对好吃。”而B却反驳道：“从这家店铺的外观来看，我并不觉得这家的拉面有多么好吃。而且，据我所知，你并没有吃过这家的拉面，你下此定论的依据是什么？”

由此可见，A陈述的观点（主张）并不具备说服力。

此时，三角逻辑便可派上用场。例如，A在陈述完自己的观点后，如果用数据（从照片中，我们可以看到店门口有十几个人在排队等候）和论据（这些人不惜花时间排队等候，可见他家的拉面很具吸引力）做支撑，就不会招致B的反驳。

综上所述，当我们说出自己的看法（主张）后，要有意识地列举一些客观事实（数据和论据）做支撑，这样才能增加说服力。

如果没有数据和论据做支撑，就很难让倾听者心服口服

当你看到拉面馆的照片时，会作何感想？

这家拉面馆的拉面绝对好吃。

①主张

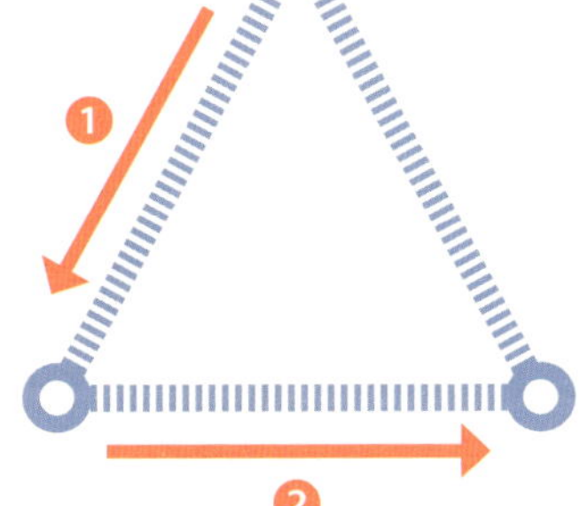

②数据

有十几个人在排队等候。

③论据

即使排长队也要吃到的拉面，味道应该不错。

虽然拉面馆的外部环境让人不由得质疑拉面的味道，但是，上述说明，完全打消了我此前的疑虑，甚至产生了也想品尝其美味的想法。

想一想

- 你在提出自己的主张时，是否也有数据和论据做支撑？

6

学会用客观事实支撑个人主张

★加入到涨零花钱的“作战”计划中

经过调查全班30人的零花钱，你发现：班级同学们每月零花钱的平均金额是1080日元，而你只有600日元，远远低于全班平均水平，这就是数据（客观事实）。

在此基础上，你还听取了班级里零花钱较少的同学的真实想法，诸如“好友们都有的东西，我却买不起，失落感和自卑感充斥着我的内心”“没有相同的玩意儿，就很难融入小伙伴们当中”等。像这样，如果加上了和你有相同境遇的同学们的意见，就会大大提升说服力。这就是“三角逻辑”中的论据（理由）。之后，你可以围绕该论据，向父母提出增加零花钱的诉求。

· 自己的零花钱远远低于全班平均水平——数据（事实）

· 零花钱较少的同学都有着痛苦的回忆——论据

· 至少应该将自己的零花钱涨到班级平均水平——主张

综上所述，你可以引用多数人的想法，并按照“数据→论据→主张”的顺序和父母沟通，相较单纯地向父母撒娇讨要零花钱，成功的概率会更高一些。

利用三角逻辑的思维模式，思考如何增加零花钱

前文对如何增加零花钱的论述，听起来很有逻辑性。我要不要也参考一下呢？

③主张

建议

至少应该将零花钱涨到班级平均水平。

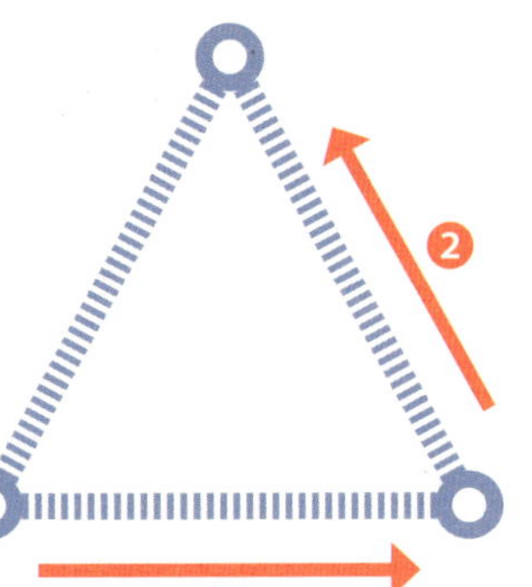

①数据

个别

自己的零花钱远远低于全班平均水平。

②论据

一般

零花钱较少的同学都有着痛苦的回忆。

一直以来，我只会向父母撒娇讨要零花钱，今后可以利用三角逻辑来陈述自己的观点，或许真的可以说服父母！

按照“数据→论据→主张”的顺序论述个人观点的方法，也被称作归纳法。

- 你在向父母提要求的时候，是否只会诉说个人主张？
- 有了数据和论据做支撑，父母的想法会发生怎样的改变？

7

学会用假说支撑个人主张

★“或许，结果会变成这样吧？”以这种思考方式培养逻辑性思考

接下来介绍一种从社会潮流趋势中找寻规律，并利用此规律支撑个人主张的思考方式。从三角逻辑的角度来看，就是按照“论据→数据→主张”的顺序陈述自己的观点。

例如，当今社会，出现了“上课外补习班的学生分数高”的现象，究其原因，在于“上课外补习班延长了学习时间”（数据），所以，如果我也上补习班，成绩应该也会有所提升。像这样，通过某种假设得出某个结论的思考方式，我们称之为“假说思考”。事实证明，假说思考是培养逻辑思维能力的重要组成部分。

· 一般情况下，上课外补习班的学生成绩好——①论据

· 上补习班的学生学习时间比不上的长——②数据

· 如果去上补习班，随着学习时间变长，成绩应该会有所提升——③主张

综上所述，我们可以从论据（社会的一般倾向或事实）中找出一定的规律，再结合客观数据，让个人主张变得更具说服力。

尝试做出“如果……就……”的假说

③主张

结论

如果我去上补习班，随着学习时间变长，成绩应该就会有所提升。

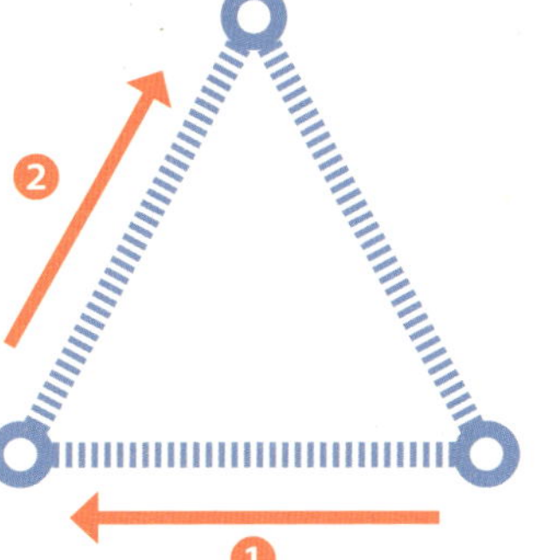

②数据

个别

上补习班的学生比不上补习班的学生学习时间长。

①论据

一般

一般情况下，上课外补习班的学生成绩好。

想一想

● 你在学会用假说支撑自我主张之前，是如何思考的？

8

正确理解事物之间的关系

★理解因果关系和相关关系的不同之处

因为你想知道阅读量和语文成绩的关系，所以在班级内进行了相关调查，结果显示：阅读量大的同学语文成绩普遍较高。像这样，一方发生变化，另一方也随之发生变化的关系被称作“相关关系”。

其实，阅读量大和语文成绩好还构成了“因果关系”，前者是因，后者是果。

但是，如果我们将语文成绩好视作原因，将阅读量大视为结果，还能说得通吗？“因为语文成绩好，所以阅读量大”，像这样，因果一旦颠倒，会让人觉得莫名其妙，也就无法构成因果关系。由此可见：具有相关关系的双方未必能构成因果关系。

如果能正确理解并掌握因果关系，就会认识到：“为了提高语文成绩，应该努力增加阅读量。”相反，一旦对因果关系有所误读，就会产生“为了增加阅读量，应该去提高语文成绩”的想法。

理解因果关系和相关关系

相关关系

A 阅读量大

A和B之间存在某种联系

B 语文成绩高

因果关系

A因为阅读量大
所以语文成绩高。

B因为语文成绩高
所以阅读量大。

所谓因果关系，是指一个事件（即“因”）和第二个事件（即“果”）之间的作用关系，其中后一事件被认为是前一事件的结果。

↑如上图所示，相关关系中包含因果关系。也就是说，如果两者具有因果关系，那么，必存在相关关系。但是，具有相关关系的双方未必就有因果关系。

只有相关关系中的两个要素A、B能用“因为……所以……”造句，两者之间才能构成因果关系。

- 你知道因果关系和相关关系的不同之处了吗？
- 迄今为止，你思考过因果关系和相关关系吗？

9

保持一颗好奇心，多问几个为什么

★将多问几个为什么作为思考问题的出发点

从小我们就被父母告知“不许摸炉子”“不许将泥巴放到嘴里”……儿时的我们并不理解父母的想法，总是满脑子问号。随着我们渐渐长大，道理也逐渐明白了：触碰火炉会被烧伤，泥巴不是食物所以不能吃……长大后我们不再对世界充满好奇，反而将周围一切事物的存在当作理所当然。

但是，身处这大千世界，即便环顾四周，也处处都有我们未必能回答得上来的问题。例如，你知道日本“男爵马铃薯”名字的由来吗？你知道在酷热的夏季，日本成年男性为何身着长袖西装吗？

如果仔细观察，就不难发现：其实，我们的身边有很多现象值得去追问为什么。但是，不知从何时起，我们把这些现象的存在当作理所当然，不再去追问为什么。

可事实证明，凡事都去问个为什么，自然而然地，探索的欲望就会被激发，也会主动地去寻找答案、动脑思考。也就是说，好奇心其实是逻辑思考的出发点，起着至关重要的作用。

观察后发现：身边到处都是回答不上来的问题

为什么要给这种马铃薯命名为“男爵马铃薯”？“男爵”究竟是什么意思？

我们总说天空是蓝色的，并觉得理应如此。可是仔细想来，天空为什么是蓝色的？为什么将此颜色定义为蓝色？

为什么相扑士在上场前要向土俵（相扑比赛的圆形黏土擂台）上撒盐？其原因何在？

迄今为止，我们都把身边事物的存在视为理所当然。可是，仔细想来，很多现象值得我们去追问为什么。所以从现在起，时常保持一颗好奇心，当遇到不懂的地方，养成主动寻找答案的习惯。

想一想

- 在你的身边，是否存在看似理所当然却知其然而不知其所以然的现象？
- 你遇到不懂的地方，会立刻去寻找答案吗？

10

逻辑思维强的人不会做的5件事

★稍一疏忽就会犯错，请多加注意

逻辑思维强的人在和他人辩论时，有5件事绝对不会做。

一、吹毛求疵。例如，对方因语速过快，出现了发音不标准的情况。虽然这点儿失误没什么影响，而你却故意找碴儿贬低对方，存心制造麻烦。如此一来，会让双方心生嫌隙、互相厌恶。

二、固执己见。具体而言，就是指交谈双方顽固地坚持自己的意见，不肯妥协。殊不知倾听他人意见、善于采纳是我们取得成功不可或缺的一部分。

三、歪曲事实，强词夺理。有的时候，当我们在被对方谩骂、指责的时候，会不由自主地忘记以理服人，而是只想无意义地争执，不断说着只对自己有利的话，有时不惜捏造事实。

四、人身攻击。例如，你厌恶的某位同学在一次班级辩论会中表现出色，其发言一针见血、精彩绝伦。虽然你也为其有深度的发言折服，但是，就因为讨厌他，你就对他进行了人身攻击，这会让别人觉得你胡搅蛮缠，也会让辩论无法正常进行。

五、捏造或窜改实际数据。拿着凭空捏造的数据或案例和对方争辩，会让谈话难以继续。

5件逻辑思维强的人绝对不会做的事

①吹毛求疵

抓住对方的一个小错误不放，谴责或嘲笑对方。

②固执己见

交谈双方固执地坚持自己的意见，不肯妥协。

③歪曲事实、强词夺理

将荒谬无理的事实正常化，牵强附会地编造理由。

④人身攻击

完全不就事论事，只因不喜欢对方，就恶意诋毁。

⑤捏造或窜改实际数据

无中生有，凭空捏造。无法坦诚接受现实或对方发表的言论，只会一味地捏造事实。

其实我们心里很清楚：上述行为都是不可取的。可是，真正和对方辩论时，我们又很容易出现上述问题，所以一定要时刻提醒自己注意。

想一想

- 你是否曾在和他人的谈话中突然感情用事，并采用上述5种方式争辩呢？
- 如何才能控制自己不出现上述5种行为？

趣味猜谜

橡皮究竟多少钱？

铅笔和橡皮一共110日元，铅笔比橡皮贵100日元，那么，橡皮多少钱？请迅速从下面3个选项中选择正确的答案。

①100日元　②10日元　③5日元

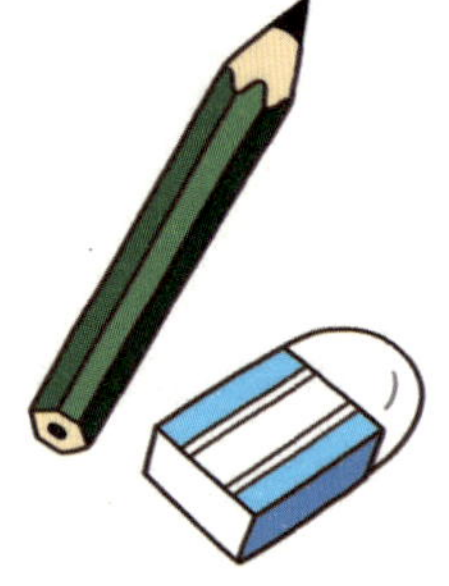

答案见本书120页。

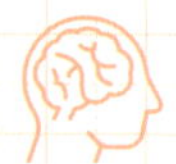

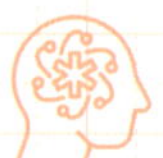

第三章

逻辑思维能帮助我们走出困境

1

运用逻辑思维，说服他人会事半功倍

★极具逻辑性的话语，会让对方无法忽视你的诉求

我想每个人都有过想说服他人的时候，此时，不妨运用逻辑思维，很可能会事半功倍。

例如，本周日你想和朋友们一起去游乐园，但是，周日还得去补习班。那么，如何解释才能征得父母的同意呢？

如果你贸然提出这个想法，一定会遭到父母的严词拒绝。但是，如果你能逻辑清晰、有理有据地诉说原因，结局就会迥然不同。

例如，你可以说："一直以来的埋头苦学时常让我喘不过气，大大降低了学习效率。而且，一旦我考入中学，就很难再和现在的好友一起玩耍了。正好补习班的大考刚结束，正是去游玩的最佳时机，否则今后更无机会。我认为只有张弛有度，才能以更饱满的精神状态迎接未来的挑战。"像这样，只有加上可能会获得父母认同的理由，才能增加成功的概率。

由此可见，如果想让父母考虑你的想法，提高成功概率，充分利用三角逻辑，用事实和论据支撑个人主张至关重要。除此之外，站在父母的角度思考问题，寻找可能会获得父母认同的各项理由，也一定能锦上添花。

运用逻辑思维说服对方会改变最终结果吗？

想说服父母

周日不去补习班，而是去游乐园游玩

具有逻辑思维的 A	缺乏逻辑思维的 B
 如何做才能征得父母同意呢？	 如何做才能征得父母同意呢？

怎么办？

具有逻辑思维的 A	缺乏逻辑思维的 B
 父母一旦同意了我的请求，会提出怎样的交换条件呢？	 我就是想去游乐园。啊！我真的好想去游乐园！

这样做怎么样？

具有逻辑思维的 A	缺乏逻辑思维的 B
 我会和父母说："如果让我去游乐园，我一定会加倍努力学习。"	 "就让我去游乐园吧！"如果我一直念叨，父母应该会同意吧！
 如果一味地强调自己想去游乐园，可能会遭到父母的严词拒绝。但以努力学习为前提，父母也很难拒绝。是一个好策略！	 长时间的纠缠不休可能会征得父母的同意，但是也可能适得其反，遭到父母的一口否决。

想一想

- 你在请求对方同意时，是否只会强调"我想……"呢？
- 你是否曾站在对方的角度考虑问题？

2

逻辑思维能帮助我们更好地解决问题

★逻辑思维是解决问题的一剂良药

其实，逻辑思维存在于生活的方方面面。就拿医生看病来举例。医生接诊病人时，首先会查明病因，再对症下药。而为了明确病因，医生会向病人询问病情，还会通过抽血、B超检查等手段找出幕后真凶。最后，当病因水落石出，医生才会据此制定治疗方案。如果医生刚见到病人就不问原因着手治疗，很可能会让病人的病情加重，甚至引发不可挽回的严重后果。其实，医生不断寻找病因、排除其他疾病可能性的过程就是逻辑思维的最佳体现。由此可见，逻辑思维可谓是医生救死扶伤道路上不可或缺的一部分。

当我们身陷困境时，也是逻辑思维大显身手的时刻。逻辑思维是我们最忠诚的伙伴和战友。只有像医生那样逻辑清晰，才能找出解决问题的良策。

人生的路何其漫长，不论是谁都不可能一帆风顺。遇到问题就想逃避，问题势必会堆积如山，让人难以承受。如果掌握了逻辑思维，便能及早发现“病因”，不仅能彻底解决问题，还能节省时间，提高学习和工作效率。

逻辑清晰地思考问题，能有效解决问题

出现问题时

具有逻辑思维的人

· 正确掌握事物间的联系；
· 从有限的信息中寻找真正的原因。

医生询问病情就是一个收集信息的过程——根据患者的症状，结合相关检查手段，找出真正的罪魁祸首。

缺乏逻辑思维的人

· 无法正确掌握事物间的联系；
· 无法从有限的信息中寻找真正的原因。

如果找不到事物间的联系和问题原因，就很难从根本上解决问题。如果我掌握了逻辑思维，并运用其很好地解决了问题，是不是证明我已经长大了呢？

掌握逻辑思维不是一朝一夕的事，但是一旦掌握，就如你下苦功牢记的汉字一样，不会轻易忘记。而且它会成为你漫漫人生路上的铠甲，帮助你走出一个个困境。

- 每当身陷困境时，你是否分析过原因何在？
- 你是否有过这样的经历：遇事不分析问题原因，盲目地寻找解决之策，白白浪费了大量时间？

3

逻辑思维能帮助我们摆脱烦恼①

★找出原因 → 朝着解决问题的目标出发！

漫漫人生路，不论是谁都有过因身陷困境而苦恼万分的经历，我想正在阅读本书的各位也不例外。但无数事实证明：一味地陷入苦恼根本无济于事。

例如，你的好朋友因无法提高学习成绩而苦恼不已。看到萎靡不振的好友，你心里一定在想：如果不想方设法做出改变，一味地消沉下去，好友的成绩是不会有任何起色的。但是，如果你真的遇到了和好友一样的问题，那么你也有可能深陷其中不能自拔。

此时，便是逻辑思维大显身手的时刻了。首先要利用逻辑思维找到问题的根源所在，然后明确其中的因果关系，最后制订切实可行的解决方案。

寻找产生烦恼的根本原因

烦恼

无法提高学习成绩

具有逻辑思维的 A

如果成绩提升，父母会给我买游戏机。

缺乏逻辑思维的 B

如果成绩提升，父母会给我买游戏机。

1 周后

成绩无法提升的根本原因是基础薄弱。接下来我需要拼命复习。

我该怎么提升成绩呢？最好有奇迹发生！

1 年后

我通过复习，弥补了不足，成绩终于得到了提升！

为什么奇迹还不降临？究竟要怎么做，才会出现奇迹？

面对问题，我并未陷入苦恼中不可自拔，而是立即分析了问题产生的原因，并采取了相应措施。这便是使用逻辑思维的最佳体现。

深陷烦恼的旋涡是无法解决问题的。如果想消除烦恼，我需要逻辑清晰地寻找根本原因，并付诸行动。

想一想

- 遇到难题时，你是主动出击，还是坐以待毙？
- 如果什么都不做，烦恼会自动消失吗？

4

逻辑思维能帮助我们摆脱烦恼②

★无须为无法改变的事情苦恼

生活中，不论是谁都会遇到大大小小的烦恼。例如，有人因个子矮小而烦恼。为了长高个儿，他们尝试每天喝牛奶等有助于长高的偏方，却并不见效。此时，他们就会陷入更深的苦恼当中。而逻辑思维或许可以将他们从“水深火热”中解救出来。

逻辑思维会促使这些人主动调查原因。之后他们知道，决定人身高的主要因素是遗传。而且，一旦过了生长发育期，就很难再长高。很多时候，身高和个人的努力并不成正比，这就是人生。

人们总是说服自己不要陷入苦恼当中，可是，又经常控制不住地胡思乱想。此时，不妨对自己说：“如果这个问题通过努力可以解决的话，我一定要全力以赴，可是无论如何也无法改变的话，何不放过自己呢？毕竟暗自烦恼根本解决不了任何问题。”所以切勿着急，慢慢地人们就会明白：自己的身高不会因自我苦恼而增加，深陷烦恼的旋涡只会给自己带来更大的伤痛。

虽然逻辑思维不能让人长高，但是它能让人们清醒地认识到：即使烦恼也于事无补。逻辑思维能够帮助人们从不良情绪中解脱出来，勇于直面未来的人生。

既然苦恼也无济于事，何不学会放下呢？

烦恼

已经过了生长发育期，但是还想长高

具有逻辑思维的 A	缺乏逻辑思维的 B
作为篮球队队员，我还想再长高点儿……	 作为篮球队队员，我还想再长高点儿……
1 周后	
 身高和遗传息息相关，并不受人为因素的控制，苦恼也于事无补。	 作为篮球队队员，我还想再长高点儿……（重复苦恼 ×1）
1 年后	
 身高不占优势，但是我可以努力提升速度，让速度成为制胜关键！	 作为篮球队队员，我还想再长高点儿……（重复苦恼 ×*N*）
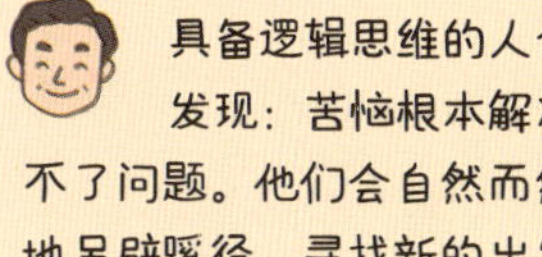 具备逻辑思维的人会发现：苦恼根本解决不了问题。他们会自然而然地另辟蹊径，寻找新的出发点，烦恼也会随之消失。	 不去积极寻找原因，深陷烦恼的旋涡只会给自己带来更大的伤痛。

想一想

- 你是否认真思考过引起烦恼的真正原因？
- 想一想，你的烦恼通常是怎样产生的？

5

逻辑思维有助于提高学习成绩

★逻辑思维让学习变得轻松有趣

学校开设的科目有很多，例如语文、数学、自然科学、英语等。这些科目看似与逻辑思维毫无关系，实则密切相关。如果具备了逻辑思维，就能发现课本知识内在的各种关系，学习也会变得轻松有趣。

事实证明，写作文、列算式、做实验、整理自然观察的结果等，都离不开逻辑思维。此时，有人可能会提出质疑："我在背诵历史时，就用不到逻辑思维。"可是，不含逻辑思维的背诵不过是死记硬背罢了，久而久之，学习兴趣就会下降。如果能梳理历史事件间的关系，了解潜藏在背后的真正原因，就能达到在理解的基础上进行背诵的目的，不仅会提升学习效率，也会让学习变得更有趣。例如，你正在机械式地背诵"安史之乱"这一内容，如果掌握了逻辑思维，你就能发现其背后的因果关系，并且能把相关的历史事件串联在一起。如此一来，也能从背诵中得到乐趣。

综上所述，若能充分利用逻辑思维，学习就会成为一件乐事，自然而然地，成绩也会越来越好。

不论学习哪一科，都需要逻辑思维

数学

计算和几何有助于逻辑思维的培养。

语文

逻辑思维能够提升“听、说、读、写”的能力。

任何学科都离不开逻辑思维

自然科学

通过实验和观察，能够亲眼见证事物的起因和结果。

历史

“为何会发生这个历史事件？”通过查询资料，发现其背后的因果关系。

啊？原来如此。

仔细想来，如果不能用关联的观点看待事物，你所学的知识就会如碎片一样存在于脑海中，考试时也很难正确作答！

从学科学习中掌握逻辑思维，再让逻辑思维反作用于各科的学习，久而久之，学习就能变得轻松有趣。

想一想

- 死记硬背就能学好历史吗？
- 不论学习哪一科，请思考知识点的因果关系。

趣味猜谜

一共能喝多少瓶汽水？

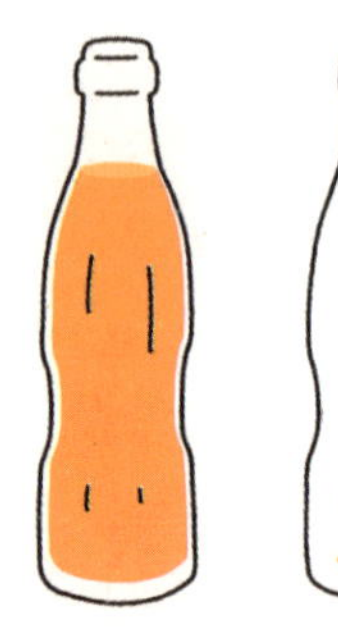

5个空瓶可以换1瓶汽水。现在，你一共有150瓶未开封的汽水。请问：经过兑换，一共能喝到多少瓶汽水？

①180瓶　　②186瓶　　③187瓶

答案见本书121页。

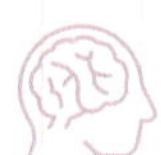

第四章

让思维公式成为行动指南

1

居然有思维公式?!何为思考框架?

★若能直接套用公式，很多难题就能迎刃而解

众所周知，三角形的面积公式是：底 × 高 ÷ 2。我们在求三角形的面积时，都会直接套用该公式，很少有人会深究其含义和由来。这些数学公式的存在，为正确求解提供了巨大的便利。正在阅读本书的你一定也知道三角形的面积公式，却未必知道此公式为何用来计算三角形面积。

那么，有没有一个公式可以帮助我们有逻辑地思考问题呢?当然有，这个公式就是思考框架。只要牢记该框架，遇到难题时，我们就能梳理出事物的前因后果，并且透过事物的表面看到本质。

本章会介绍多个思考框架，不仅有助于培养孩子们的逻辑思维，也能让成人受益匪浅。

这些思考框架都是专家学者们多年来苦心钻研的成果，非常实用。如果能够理解并运用这些思考框架，很多难题就能迎刃而解。我想没有人会拒绝使用如此便利的“神器”吧!

何为思考框架?

三角形的面积公式

虽然我不知道为什么用此公式求面积，但是直接套用，简单方便!

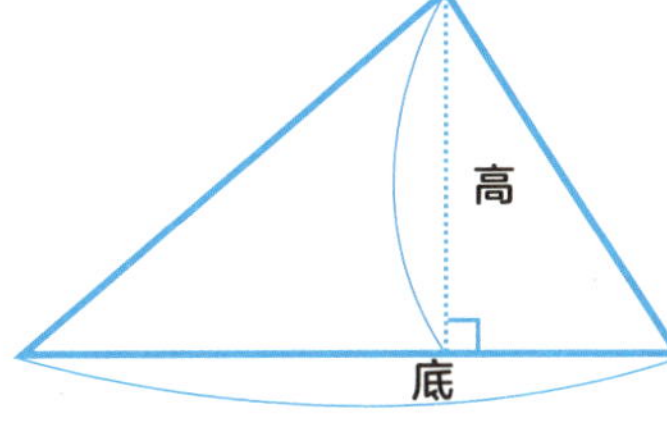

三角形的面积 = 底 × 高 ÷2

思考框架的其中之一

5W1H（具体内容请参照第 56 页）

虽然我不太懂什么是思考框架，但是把它当作公式记住的话，似乎对今后的工作生活很有帮助。

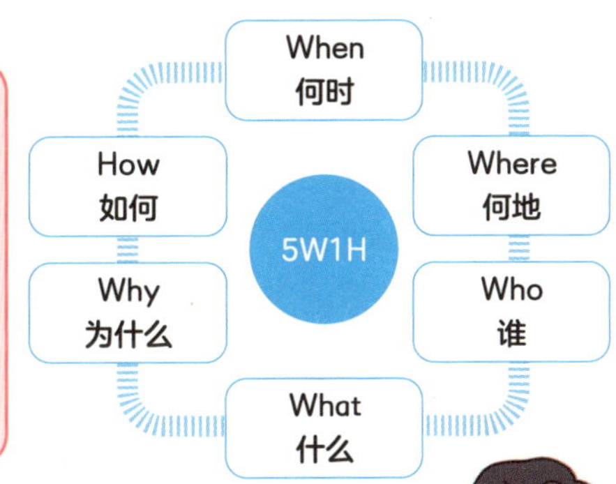

套用思考框架虽然不像套用公式那样立刻就能得出正确答案，却能帮助我们思考问题。

想一想

- 你身边的大人们听说过思考框架吗？他们有没有实际运用过呢？

2

“不重叠、不遗漏”对逻辑思维至关重要

★何为“不重叠、不遗漏”的“MECE”分析法?

专家学者们经过潜心钻研将正确的思考方法公式化，如果我们能正确使用，就会使众多难题迎刃而解。

我们在运用逻辑思维时，做到“不重叠、不遗漏”地分类至关重要，也就是遵从“MECE”分析法（“MECE”，中文意思是“相互独立，完全穷尽”。对于一个重大的议题，“MECE”分析法能够做到不重叠、不遗漏地分类，而且能够借此有效把握问题的核心，并解决问题）。接下来介绍的其他思考框架也是以“不重叠、不遗漏”为前提总结归纳而成的。

提及“不重叠、不遗漏”6个字，我们都理解其字面含义，但是在实际的运用中这6个字经常被忽略。一个30人的班级，如果使用“MECE”分析法，应该怎样对学生进行分类呢?

可以使用按“出生月份”分类的方法。如此一来，全班的每一位成员都不会被遗漏，也不会被重复统计。但是，如果按照“上补习班”和“喜欢运动”分类，会出现什么问题呢?稍作思考就会发现：如果有人既上补习班又喜欢运动，就会出现重叠；如果有人既不上补习班又不喜欢运动，就会出现遗漏。当然这就不符合“MECE”分析法。

“MECE”分析法对逻辑思维十分重要，所以我们在进行分类时，要有意识地选择“MECE”分析法（请参考下图）。

“不重叠、不遗漏”的“MECE”分析法

用多种方法对班级成员进行分类

① 不重叠、不遗漏（=“MECE”）

按“出生月份”分类

1月份出生	4月份出生	7月份出生	10月份出生
2月份出生	5月份出生	8月份出生	11月份出生
3月份出生	6月份出生	9月份出生	12月份出生

所有人的出生月份都涵盖在内，既不会出现重叠，也不会出现遗漏，所以符合“MECE”分析法。

② 有重叠、无遗漏（≠“MECE”）

按“性别和身高150cm以上”分类

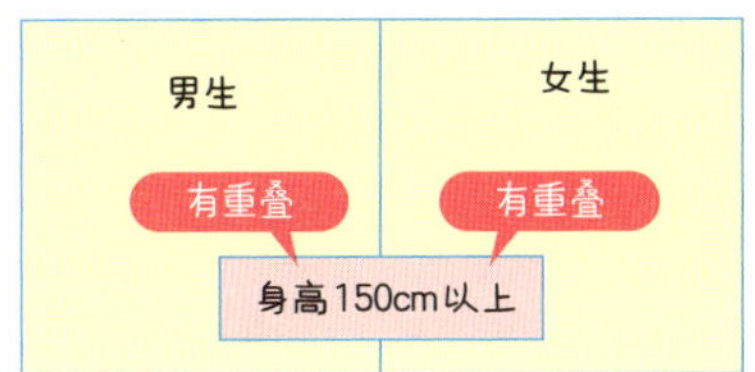

男、女生中都有身高150cm以上的学生，所以会出现重叠，不符合“MECE”分析法。

③无重叠、有遗漏（≠“MECE”）

按照“在日本或美国出生”分类

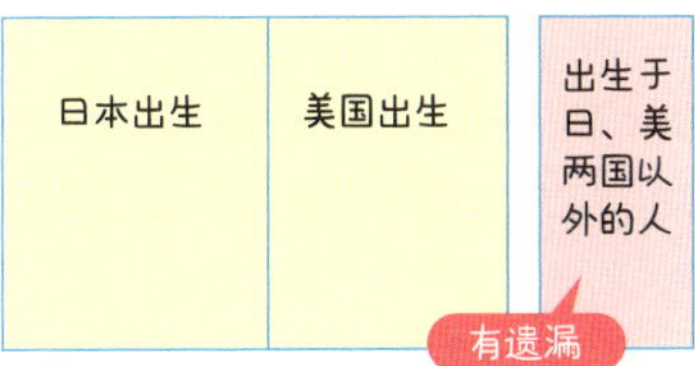

如果有人出生于日本和美国以外的国家，就说明出现了遗漏，所以不符合“MECE”分析法。

④有重叠、有遗漏（≠“MECE”）

按“上补习班的同学和喜欢运动的同学”分类

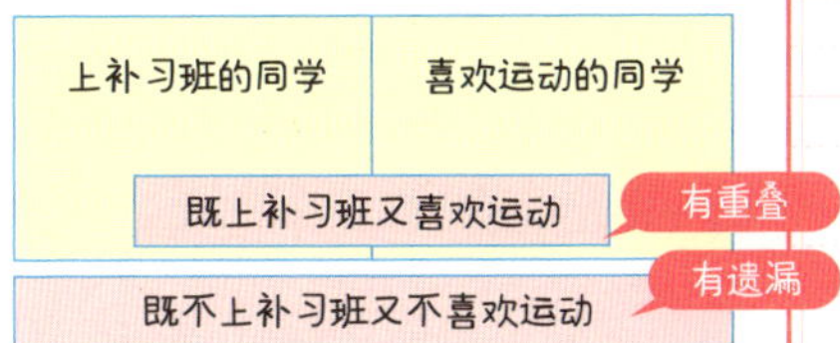

如果有人既上补习班又喜欢运动，就会出现重叠；如果有人既不上补习班又不喜欢运动，就会出现遗漏。

想一想

- 你会使用“MECE”分析法，对身边的事物进行“不重叠、不遗漏”的分类吗？

3

用“Why Tree”分析法寻找问题背后的原因

★若想解决问题，需要不断追问“为什么”

若想彻底解决问题，找到其背后的真正原因十分关键，因为只有对症下药才能药到病除。反之，在不知道原因的前提下盲目采取各种行动，只会像无头苍蝇一样乱转。本节为大家介绍的“Why Tree”（原因树）分析法就能很好地帮助我们找到问题背后的“真凶”。

采用“Why Tree”分析法，通过不断地自问自答，就能找到真正的原因。让我们来看下文的“Why Tree”结构图。首先要在最左边的第一层写上问题；其次，利用“MECE”分析法，在第二层上列举可能引起问题的原因；最后，通过自问自答，展开第三层的分析。事实证明，此方法能让问题原因更具体。

“Why Tree”分析法看似十分简单，但是实际操作起来非常复杂。无数事实证明：理论结合实际的过程中一定会屡屡受挫，所以，在最初的尝试期，即使失败了，也无须耿耿于怀。

重要的是，我们要意识到：任何问题的发生必有其原因，只有静下心来找到根本原因，才能彻底解决问题。如果对问题原因置之不理，那么，想彻底解决问题就是天方夜谭。

通过“Why Tree”分析法，寻找问题的真正原因

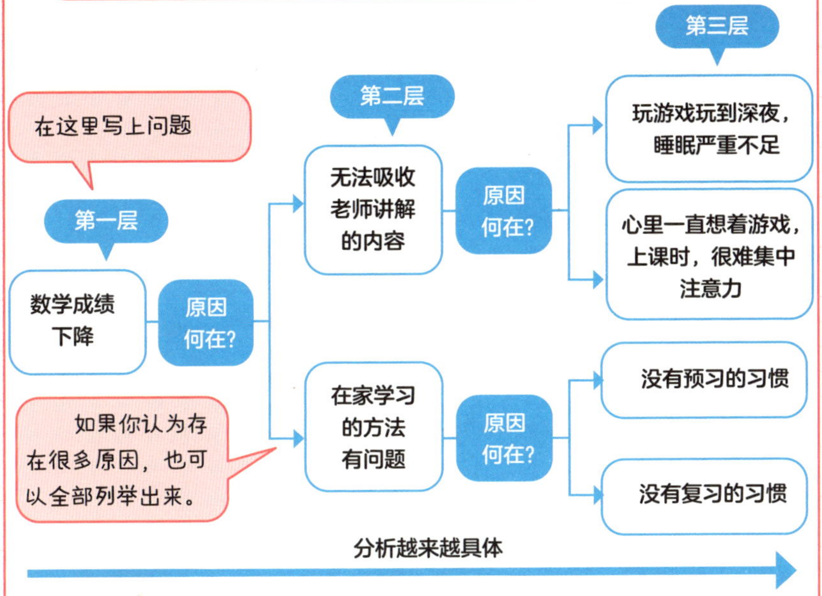

在这里写上问题

第一层：数学成绩下降 → 原因何在？

第二层：
- 无法吸收老师讲解的内容 → 原因何在？
  - 第三层：玩游戏玩到深夜，睡眠严重不足
  - 第三层：心里一直想着游戏，上课时，很难集中注意力
- 在家学习的方法有问题 → 原因何在？
  - 第三层：没有预习的习惯
  - 第三层：没有复习的习惯

如果你认为存在很多原因，也可以全部列举出来。

分析越来越具体 →

通过前文的讲解，我采用“Why Tree”分析法，试着将影响自己成绩的所有因素列了出来。

如果控制玩游戏的时间，学会复习和预习，应该能提高学习成绩。

想一想

- 你有过不知道原因就盲目解决问题，最终被迫放弃的经历吗？

4

要将“5W1H”分析法牢记于心

★高效表达的6大要素

你在向他人传达某事时，如果遗漏了重要信息，就会让对方不知所云。例如，你和好友相约去游玩，如果朋友仅仅说了句“一会儿见”，你知道见面时间和地点吗？如果对方说“下午三点，在公园的‘秘密基地’见”，就不会让倾听者产生疑问了。

为了实现高效表达，人们在不断实践的过程中逐步形成了一套成熟的“5W1H”模式。5W是指When（何时）、Where（何地）、Who（谁）、What（什么）、Why（为什么），而1H是指How（如何）。事实证明，缺少任何一个要素，都很难做到高效表达。

有时，在双方心知肚明的情况下，也可以省略某些要素。例如，你和好友相约游玩时，不必特意说出为何要在公园的“秘密基地”集合，因为这是你们两人一直以来心照不宣的习惯，所以可以省略“Why（为什么）”这一要素。

写文章时“5W1H”也是必不可少的要素。只有时刻意识到“5W1H”分析法的重要性，我们在表达或书写时才不会有所遗漏，才能让听者或读者一清二楚。

要将“5W1H”分析法常记于心

5W1H

When 何时

举例

· 上午10点正式开始
· 请在10点之前完成

Where 何地

举例

· 请在音乐教室集合
· 在教室里授课

Who 谁

举例

· 我来做这件事
· 让A来做这件事

What 什么

举例

· 大家一起合唱
· 踢足球

Why 为什么

举例

· 为了提高学习成绩
· 因为玩游戏到深夜

How 如何

举例

· 通过上补习班
· 使用iPad

● 迄今为止，你是否曾经按照“5W1H”分析法来表达自己的观点呢？

● 如果你说的话无法表达出内心的真实想法，你会抱有何种心情呢？

5

用“PREP”分析法清晰地表达自己的观点

★注意说话顺序，会让对方更愿意听你讲话

“你究竟想表达什么？”你是否被他人这样质疑过？为了清晰表达自己的观点，你可以尝试使用“PREP”分析法。

“PREP”分析法主张按照以下顺序陈述观点。

①Point（结论、关键点）：在展开论述之前要开门见山地先讲结论。倾听者了解了结论，就会对你如何展开论述产生兴趣。

②Reason（理由）：简单明了地陈述原因何在。

③Example（具体实例）：列举具体实例。

④Point（结论）：在论述的结尾再一次强调结论，通过反复强调让倾听者印象深刻。

或许有人会问：为何①和④都是结论呢？因为，结论要多次强调，同时也并不是只能放在最前或最后，虽然论述之初就阐明结论十分重要。因为演讲者的长时间论述一定会让倾听者产生疲劳，有可能你在陈述自己的想法时滔滔不绝，而对方却不知道你究竟想表达什么，所以要反复强调结论，抓住倾听者的注意力。

虽然“PREP”分析法能够帮助我们清晰地表达自己的观点，但我们除了重视说话顺序，还要注意说话内容是否有趣。

尝试使用“PREP”分析法

P Point（结论、关键点）	我每个月的零花钱只有500日元，我想向父母申请增加零花钱。	· 我个人的想法是…… · 首先，我最想说的是…… · 我有以下几个主张……
R Reason（理由）	因为我的零花钱比同班同学的要少很多。	· 因为…… · 原因是……
E Example（具体实例）	经过调查，我发现同学们每月零花钱的平均金额是1500日元。	· 经过调查…… · 例如…… · 根据……的数据…… · 具体而言……
P Point（结论）	因此，父母应该增加我的零花钱。	· 综上所述…… · 总而言之…… · 因此……

一直以来，我只会说：“请多给我一些零花钱吧！”可是毫无效果。这次使用了“PREP”分析法，我觉得应该能说服父母。

想一想

● 你向他人陈述观点时，会把自己最想说的话放在最前面还是最后面？

6

“SCAMPER”分析法能激发新创意

★为想出“创意新点子”提供便利

正在阅读本书的你是否有过因想不出新点子而抓耳挠腮的经历呢？那时的你，是否考虑过转变思路呢？事实证明，一味地坚持固有想法，只会让我们陷入进退两难的困境。所以，反复探索、反复尝试才是明智之举。

当我们陷入某个瓶颈时，不妨尝试使用“SCAMPER”分析法，按照此方法中提示的7个切入点来探索新的方向。这7个切入点分别是：①替代②结合③调整④改造⑤改变用途⑥消除⑦颠倒。

例如，你要开发一款新型铅笔，首先可以考虑第1个切入点——替代，即“是否存在另一种东西可以替代铅笔的原有功能”。如果这个方向很难带给你灵感，可以考虑第2个切入点——结合。例如，为了让使用者在夜晚的户外也能使用铅笔，可以给铅笔加装照明灯。像这样，经过7层筛选，大概率能想出新点子。

在使用“SCAMPER”分析法时，最好能将自己的每一个想法都用笔记录下来，用最直观的方式促进大脑运转，直至从中得到灵感。这种方法不仅适用于个人，也适用于团队合作。

SCAMPER的7个切入点

	切入点	问题
S	Substitute （替代）	· 是否有替代品？ · 是否能取代已有产品的一部分？ · 是否能全部替代？
C	Combine （结合）	· 可与其他物体结合成为一体，将多种想法串联。 · 能否和他人强强联手？
A	Adapt （适应、调整）	· 变成与以往不同的形状怎么样？ · 做一些调整怎么样？ · 能否继续用于新项目？
M	Modify（改造） Magnify（扩大） Minify（缩小）	· 可否改变原物的某些特质，如颜色、声音、动作、形状、尺寸等？ · 变大、变硬、变粗、变高、变长 · 变小、变轻、变细、变少
P	Put to other uses （改变用途）	· 改变用途后会如何？ · 改变使用方法后会如何？ · 改变使用时间后会如何？
E	Eliminate （消除）	· 删除后会如何？ · 切割后会如何？ · 简单化之后会如何？
R	Reverse （颠倒、反向） Rearrange（重组）	· 颠倒前后顺序后会如何？ · 变更模式、布局后会如何？ · 重组后会如何？

所有学科中，我觉得英语最难，如果掌握了“如何思考”的精髓，应该能从中得到启发。

想一想

● 当你觉得自己黔驴技穷时，是否曾尝试换个思路思考呢？

7

设定目标时可使用“SMART”分析法

★目标管理能够推动目标达成

“今年我要认真学习数学！”“今年我一定要瘦下来！”很多学生在年初的时候，都会给自己设定这样的目标。但是，达成目标的人却少之又少。其原因在于：很多人在设定目标时好高骛远，不懂得贴合现实，更无逻辑性可言。为了解决这一问题，我们在设定目标时可以使用“SMART”分析法。

· Specific（具体）——表达要清晰明确，尽可能具体化。

· Measurable（可度量）——容易度量。

· Agreed upon（可实现）——通过努力可以实现。

· Realistic（现实性）——制定现实性强的目标。

· Time-bound（有时限）——注重目标的特定期限。

在满足以上5个条件的前提下设定目标，就会让目标变得更具体，实施起来也更容易，当然目标的达成率也会随之上升。

例如，相较以“我要瘦”为目标，“到今年6月底我要瘦6斤”就更具体，并且更容易实现。除此以外，切勿设定诸如“到下周末我要瘦20斤”这种不切实际的目标，因为它大概率会让目标制订者失败，最后不了了之。

通过“SMART”分析法来设定目标

Specific
（具体）

Measurable
（可度量）

Agreed upon
（可实现）

Realistic
（现实性）

Time-bound
（有时限）

设定目标

· 设定的目标是否合理
· 例：设定减肥目标

合理的目标

离3月份的毕业典礼还有两个月，在此期间，我要瘦10斤。

· 目的明确，还设定了目标期限。如此一来，有助于目标的达成！

不合理的目标

瘦10斤。

· 何时开始？何时结束？为何要做此事？这些内容并不明确。

为实现某个目的而设立的目标，能够激励当事人朝着目标不懈努力。

稀里糊涂地就设定了目标，实施起来更是难上加难。我们在设定目标时，一定要明确截止日期。

想一想

● 迄今为止，你是否有过未能实现的目标？
● 对于那些已经实现的目标，你是如何制订计划、一步步完成的？

8

利用“PDCA循环”分析法，不断朝目标迈进

★不惧失败、反复尝试至关重要

前文中讲到了如何利用“SMART”分析法来设定目标，但是，任何目标的实现过程都不会畅通无阻，只有不断改进才能接近目标。此时，选择“PDCA循环”分析法或许是一项明智之举。

①Plan（计划）——在明确目标后，制订实施计划。

②Do（执行）——按照计划一步步执行。

③Check（检查）——评价实施过程中的成功与失败。

④Action（改进）——根据评价结果不断改进。

以上四个过程不是运行一次就结束了，而是周而复始地进行。一个循环完了，解决了一些问题之后，未解决的问题进入下一个循环。

但是，在现实生活中，很多人仅仅止步于目标的设定，他们在受挫时总想着放弃，不会反省和改进。如果掌握了“PDCA循环”分析法，就会有效防止类似情况的出现。

当我们前进受阻时，如果还采取上一次的解决方法，就会增加再次失败的风险。所以，要勇于尝试不同的方法。当然，使用新的方法后也有可能会再次失败。具有逻辑思维的人，从不畏惧失败，只会越挫越勇，在无数次的失败中总结经验、不断挑战，最终抵达成功的彼岸。

利用"PDCA循环"分析法指导行动

① Plan（计划）

在明确目标后，制订实施计划

从设定目标到达成目标，这期间需制订具体的实施计划。在④改进的过程中不断修正目标。

② Do（执行）

按照计划一步步执行

向目标迈进时，需要付诸行动，并且，需要记录在此过程中发生的问题点。

③ Check（检查）

评价实施过程中的成功与失败

回顾过去，想一想：究竟为何成功？为何失败？对此开展详细的评价。

④ Action（改进）

根据评价结果不断改进

在失败中总结经验、思考改进对策；在成功中告诫自己还能做得更好。

一直以来，我从未认真地制订过某个目标，总是因一时兴起就贸然定目标，之后就不了了之了。其实这样做是不对的！

想一想

- 你属于那种即使失败也不会改变固有思维的人吗？
- 俗话说："失败是成功之母。"在你的内心深处，真的赞同这个观点吗？面对失败时，你能做到无所畏惧吗？

9

通过“How Tree”分析法，寻找问题的解决之策

★在反复的自问自答中找到解决之策

“PDCA循环”教会我们面对失败时要无所畏惧，并且在不断地改进中接近目标。其实，改进就是解决问题的过程。而“How Tree”（如何树）分析法能够帮助我们找到问题的解决之策。

通过对比两种分析法的思考框架，我们发现：“Why Tree”分析法需要反复问自己原因何在，而“How Tree”分析法则需要反复问自己如何实现。

具体而言，首先就是在第一层写上想解决的问题。其次，在第二层和第三层上列举所有可能解决问题的对策。

如果你想提高学习成绩，就将此目标写在第一层。在第二层写上诸如“增加学习时间”“上课认真听讲”等解决对策。此外，要注意不要填写内容相近的解决之策，如“减少玩手机游戏的时间”和“减少玩电脑游戏的时间”。

不论是“How Tree”分析法，还是“Why Tree”分析法，在实际的运用中，最好用笔记录下来，而不是单纯地储存在大脑中。因为在实际的记录过程中，通过视觉刺激，会加速大脑的运转，更容易想出解决对策。

通过“How Tree”分析法，寻找问题的解决之策

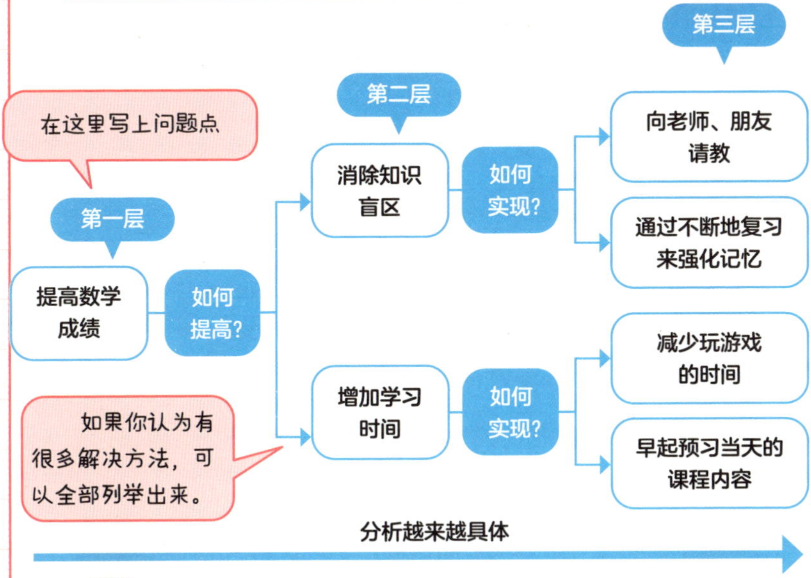

在这里写上问题点

第一层

提高数学成绩 —— 如何提高？

第二层

消除知识盲区 —— 如何实现？

增加学习时间 —— 如何实现？

第三层

向老师、朋友请教

通过不断地复习来强化记忆

减少玩游戏的时间

早起预习当天的课程内容

如果你认为有很多解决方法，可以全部列举出来。

分析越来越具体

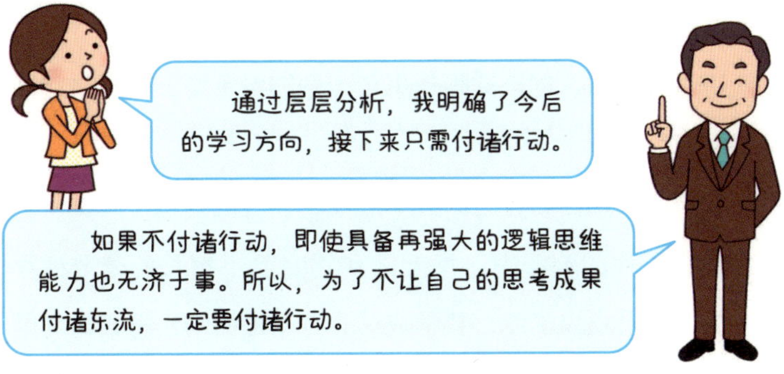

通过层层分析，我明确了今后的学习方向，接下来只需付诸行动。

如果不付诸行动，即使具备再强大的逻辑思维能力也无济于事。所以，为了不让自己的思考成果付诸东流，一定要付诸行动。

想一想

- 面对困难的时候，你临阵脱逃过吗？
- 你是怎样寻找解决之策的？

10

勤于思考！善于行动！

★切勿让几经思考的成果付诸东流，一定要付诸行动！

逻辑思维混乱、表达不清楚、想不出好的创意……不知从何时起，这些问题逐渐让我们身陷苦恼的深渊。可是思考框架的出现，如一座灯塔为我们指明了前进的方向。如果能灵活使用这些框架，我们就能更好地思考和说话。

如果你常常因为不会说话而苦恼，不妨使用前文中讲到的各种思考框架，在使用之后，或许会有柳暗花明之感。

使用思考框架、逻辑清晰地思考问题固然重要，但付诸行动更为关键。

例如，你很想提高自己的数学成绩，经过反复思考后，一个想法出现在了你的脑海中：每天做10道自己不擅长的分数计算题。但是，如果止步于此，数学成绩会自动提高吗？答案显然是否定的。不付诸行动的思考是毫无意义的，何谈从根本上解决问题呢？所以付诸行动非常重要！

“付诸行动”才会抵达成功的彼岸

A 喜欢付诸行动型

思考 → 行动 → 思考 → 行动 → ◎

・A稍加思考就将自己的想法付诸行动。如果还不能解决问题，就继续思考、继续付诸行动。

B 属于慎重型

思考 → 行动 → 思考 → 行动 → ◎

・B经常思索良久后才会付诸行动，不慎重考虑绝不会轻举妄动。

C 属于先行动后思考型

行动 → 思考 → 行动 → 思考 → 行动 → ◎

・C不惧失败，往往行动先于思考，碰壁了再反思。

D 属于思虑过度型

思考 → ×

解决问题

・D总是因思虑太多而不敢前行。

虽然规避了失败的风险，但是也丧失了解决问题的能力。

世界上，每个人都是独一无二的，有的人喜欢在深思熟虑后再采取行动，而有的人属于行动派，想到什么就做什么。但是，完全不付诸行动，只想通过思考就解决问题的想法是完全行不通的。所以，付诸行动才是解决问题的关键。

想一想

- 思考固然重要，但只依赖思考就能解决问题吗？
- 请将思考付诸行动。

趣味猜谜

究竟谁能最先抵达终点？

某大厦分为地上10层和地下10层，站在1楼的A和B就"究竟是1层到地上10层近，还是1层到地下10层近"展开了争论。

为了一决胜负，两人决定付诸行动。A从1层往10层跑，而B则从1层往地下10层跑。两人的跑步速度几乎是一样的，那么，究竟谁会最先抵达终点呢？

①A先抵达　　②B先抵达

③A和B同时抵达

答案见本书122页。

第五章

在日常生活中锻炼逻辑思维

不懂就要主动查阅，切勿一味空想

★一味空想是毫无意义的

在现实生活中，不是所有人都能做到博古通今的。当我们遇到不懂的地方时，首先要主动思考，但是很多时候，仅凭思考并不能得到答案。

例如，当你被问到“东海道新干线途经多少个车站”时，如果你不知道答案，还想通过思考来求解，我认为，即使绞尽脑汁，也一辈子都不会知道答案！

想知道正确答案其实很容易，就是做到主动查阅。正在阅读本书的你或许会说：“通过查询当然能知道答案了，这一点谁都清楚。”可是在现实生活中，因为怕麻烦就不了了之的人数不胜数，或许你就是其中一员。

东海道新干线途经多少个车站，上网一查便能知晓。具备逻辑思维的人遇到不懂的地方，不会将时间浪费在单纯的思考上，而是会主动查阅，因为他们深知时间的宝贵，并且知道如何做才能更高效。

“逻辑清晰地思考”和“查阅”看似毫无关系，实则紧密相连：没有主动查阅的习惯=不会逻辑清晰地思考。

有很多疑问并不是通过思考就能得出答案的

东海道新干线一共途经多少个车站?

让我想一想……嗯……一共途经多少个车站呢?嗯……

东京、品川、新横滨……嗯……下一站是哪里来着?好像是热海。总觉得哪里不对。东海道新干线连接东京和九州的博多,应该至少途经30个车站。

我也不太清楚。不如上网查一下!

10分钟后

原来一共途经17个车站呀!而且只有从东京到新大阪这一段距离才能被称作“东海道新干线”,从新大阪到博多被称作“山阳新干线”,关于这一点,我还是第一次听说呢!除此之外,我发现:从东京到博多一共途经35个车站。

遇到不懂的地方,你会主动查阅吗?就拿东海道新干线一共途经多少个车站这事举例,如果不去查阅,得不出正确结论。所以,主动查阅才是良策。

想一想

- 你是否已经养成了不懂就去查阅的习惯?
- 如果查阅后还是不明所以,请思考接下来应该怎么做。

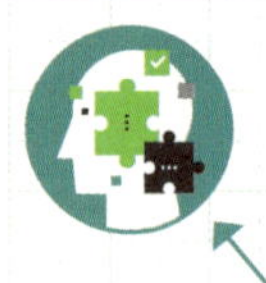

2

学会站在不同的角度看待问题

★当你站在不同的视角时，看法就会发生改变

在现实世界中，你认为的真相在别人眼里并非如此。例如，在下一页的案例中，两人同时面对同一个球，一人眼中的球是红色的，而在另一人的眼中，球是蓝色的。只因两个人所站的角度不同，得出的结论也就截然不同。

再比如，你和好友发生了争执，你认为是对方的错，而你的好友却认为是你的错。你给出的理由是：是他先动的手。而朋友则说是你一直恶语相向，实在忍无可忍才以武力解决的。你们双方各执一词、互不相让，都认为自己没错。由此可见，即使面对同一既定事实，因立场不同，双方的看法也会大相径庭。

此时，最好的解决办法就是：双方努力站到对方的角度来看问题。如此一来，就会发现：其实自己也有做得不对的地方。

所以改变立场，以客观的视角看问题，不仅能发现对方眼中的真相，还能做到感同身受，了解对方的真实情感。

从不同的角度看到的真相是有所差异的

此刻，我看到的球是红色的。

此刻，我看到的球是蓝色的。

你看，这个球是红色的，对吧？

什么？

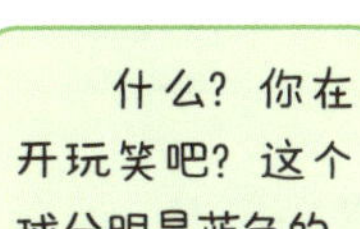

什么？你在开玩笑吧？这个球分明是蓝色的。

到底谁说的是真话？

难道我们都没错？莫非这个球一半是红色、一半是蓝色？

在我的角度，球是蓝色的。但如果换个角度，球的确是红色的。

由此可见，主观事实和客观事实的确存在一定差异。所以从不同角度看问题是十分必要的。

想一想

- 迄今为止，你是否会经常提醒自己要以客观的角度看待问题？
- 眼见一定为实吗？

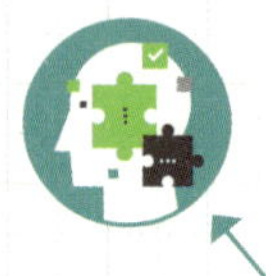

3

2000毫克的牛磺酸究竟有多大功效

★你是否总是会对不懂的事放任不管呢？

如果你经常去超市，就会发现摆放功能性饮料的区域总是打着“富含牛磺酸”的标语。仔细观察后，你就会发现许多类瓶装或盒装的功能性饮料都富含牛磺酸，只不过含量有所不同罢了。

如果价格相同，你会选含1000毫克牛磺酸的饮料，还是2000毫克牛磺酸的饮料呢？对此提问，或许每个人都有不同的看法。可是，你可曾想过：如果你对牛磺酸一无所知，那不论选哪个，都只不过是乱加猜测的结果罢了。

“请问，什么是牛磺酸？”你可以试着问一下那些正在购买功能性饮料的大人。我想能回答上来的人应该寥寥无几吧！换句话说，就是大人们也几乎不会去主动查阅“什么是牛磺酸”以及“2000毫克的牛磺酸究竟有多大功效”，他们只是觉得牛磺酸应该具有某种功效，可能对人的身体有所益处。

仔细想来，生活中随处可见我们并不了解的知识点，如果抱有疑问，不妨试着查阅。这些看似微小的努力，会成为锻炼逻辑思维的基石。

当抱有疑问时，请主动动手查一查

如果去超市，你会发现许多类功能性饮料都富含不同含量的牛磺酸。我认为牛磺酸含量越高对身体就越好。

这瓶饮料里含有1000毫克牛磺酸

这瓶饮料里含有2000毫克牛磺酸

富含2000毫克牛磺酸的饮料似乎更有效果，要是我就买这瓶。

究竟什么是牛磺酸呢？2000毫克是多还是少呢？

我其实也不知道什么是牛磺酸！也不知道饮料里要含多少毫克的牛磺酸才会真正有效。

如果销售功能性饮料的公司能够进一步解释说明“1000毫克牛磺酸”的含义，就再好不过了。

的确如此。接下来我应该去查一下牛磺酸的功效，以及摄入多少才算适宜。

想一想

- 你的身边是否有无法说清楚的现象？请仔细找一找。如：为什么要系领带？

4

不要被诱人的广告迷惑了双眼

★一旦忽视数据和论据，就可能上当受骗

当我们上网的时候，网页经常会弹出诸如“只要2万日元，教你轻轻松松赚大钱！”的诱人广告。

毫不夸张地讲，这类广告几乎都是骗人的。原因很简单，如果教你赚钱的人知道获得巨额财富的秘诀，那么他为何要告诉你？他自己去赚这个钱不就好了吗，为什么还要从你手里收取学费？

但可悲的是，上当受骗的人比比皆是。究其原因，就是这些广告抓住了上当受骗者想一夜暴富、不想放过任何赚钱机会的侥幸心理。

“如果我知道一夜暴富的方法，还会从他人手里收取学费，之后告诉他们赚钱的方法吗？”像这样，如果能以客观的视角思考问题，一定会做出诸如“如果告诉别人日进斗金的方法，我还怎么赚钱”“既然我已经知道了获取巨额财富的方法，还在乎那2万日元的学费吗”的理性判断。那些明知天上不会掉馅饼的人却依然掉入陷阱，其原因多数是被金钱蒙蔽了双眼。所以，一旦轻信广告的宣传，忽视了数据和论据的重要性，就无法理性地思考问题。

逻辑思维能够帮助我们避免上当受骗

真的吗？我可以从压岁钱里拿出2万日元交学费！今后，一旦2万变10万，我就能买更多自己喜欢的东西了！

果真如此吗？总觉得不对劲儿！如果赚钱这么容易，对方为何还要通过收取学费来赚钱？为何不独占一夜暴富的机会呢？天上怎么会掉馅饼呢！

仔细想来，你说得不无道理……如果换作是我知道了获取巨额财富的方法，当然也不会在乎那2万日元的学费！更重要的一点是：如果告诉了别人日进斗金的方法，我还怎么赚钱呢？

一旦被金钱蒙蔽了双眼，就无法理性地思考问题，一定得小心谨慎。所以遇事要沉着冷静，学会站在不同的角度客观地看待问题，并做出理性判断。

想一想

- 你是否曾为某诱人的广告怦然心动过，而且事后才察觉事有蹊跷呢？
- 你对所有的广告都深信不疑吗？

5

从反对意见中了解对方的真实想法

★与意见不合的人交谈，能够拓宽视野

课堂上，老师问道："在疫情席卷全球的大环境下休学旅行，大家是赞成还是反对呢？"同学们对此意见不一，分为了赞成派和反对派，并就此展开了辩论。赞成派陈述了休学旅行的重大意义以及取消休学旅行的缺点；反对派阐述了休学旅行的缺点和取消休学旅行带来的各项好处。

经过辩论，赞成派获知了反对派的反对理由，而反对派也了解了赞成派的真实想法。除此之外，辩论双方通过把信息传递给对方,也使双方都获得了更多新的知识，拓宽了视野。有时，我们会被对方新颖的想法折服，甚至改变了立场。不论怎么样，若想说服不同立场的人，首先要了解对方的真实想法，这也验证了"知己知彼，百战不殆"的千古名句。

如果你不能静下心来听取不同的意见，当你被他人同样对待时，就没有资格抱怨，也就意味着你放弃了从反对意见中得到成长的机会。

善于听取反对意见十分重要

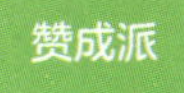

不听取对方的意见……

反对派

· 无法获知对方的真实想法
· 双方的交谈难以持续
· 难以说服对方

赞成派

互相听取对方的意见……

反对派

· 了解对方的真实想法
· 让话题得以延伸
· 可能会说服对方

人生在世，不可能所有人的想法都和自己一致。如果你不能静下心来听取不同的意见，当你被他人同样对待时，就没有资格抱怨。我认为，学会倾听是对他人最好的尊重。

- 你能耐心听取和自己意见不同的人的想法吗？
- 如果每个人都任性妄为，反对不同意见，世界会怎样？

6

具备逻辑思维的人会反复验证自己的想法是否正确

★通过自我辩论来反问自己

虽然谁都不想犯错，但是，“人非圣贤，孰能无过？”犯错是无法避免的。我们能做的只有尽量避免再次出错。

我想，很多人都有过这样的经历：明明做过多次的数学题，可是拿着答案核对时，竟发现又做错了。那么，如何才能避免算错呢？其中的一个解决方法就是：即使信心满满，也要仔细验算。

具备逻辑思维的人都会“验算”自己的想法是否正确。通过自问自答的方式，站在客观的角度评估自己想法的准确性。

一定要当心因过度自信引起的疏忽大意。思考时，不妨使用下文中讲解的自我辩论法。此方法能够帮助我们最大化地规避风险。

此外，不要畏惧失败。失败并不可怕，只要能在失败后总结经验，制定解决之策，就能有效地避免再次出错。一旦过度畏惧失败，就会止步不前，失去挑战的勇气。儿童更要勇于挑战，从无数的失败中汲取经验，茁壮成长！

什么是自我辩论?

· 自我辩论

针对某一论点，一人分饰“赞成派”和“反对派”两个角色，并展开辩论。

· 自我辩论的实例

此刻，我的所思所想（立论）是：我想要万代公司出品的新款玩具“鬼灭之刃DX日轮刀”。

最近这款玩具非常火，我的好朋友们人手一个，如果只有我没有，可能会被好朋友们排斥。

如果你是单纯地喜欢这款玩具，就不会在乎好朋友们的看法。或许你的真正目的只是想通过这款玩具拉近朋友之间的关系。

不可否认，我并不仅仅是因为单纯地喜欢才想买这款玩具的。主要是，我很害怕被朋友排斥。

如果你的好友没有“鬼灭之刃DX日轮刀”，你会排斥他吗?

我当然不会因为这点儿小事排斥自己的好朋友。也就是说，我的好朋友们应该也不会因此排斥我。既然这样，我还是先不买它了。

自我辩论可用于验证自己的想法是否正确，在彷徨无助时、做重大决定时都可以采用。

- 你是否畏惧失败?
- 你曾有过因为过度自信而导致失败的经历吗?
- 试想一下：失败对人生有什么好处?

趣味猜谜

到底是谁放的屁？

A、B、C三人中的某人放了一个屁。此时，A说："放屁的人是B。"此后，B和C也相继说出了自己的想法。从他们的回答中可知：真正放屁的人说了实话。

那么，到底是谁放的屁呢？正在阅读的你可能会问："啊？信息量也太少了吧！根本没办法推断！"可是，仔细想来，答案就在眼前。

答案见本书123页。

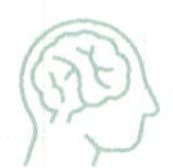

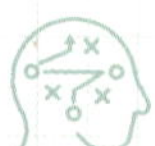

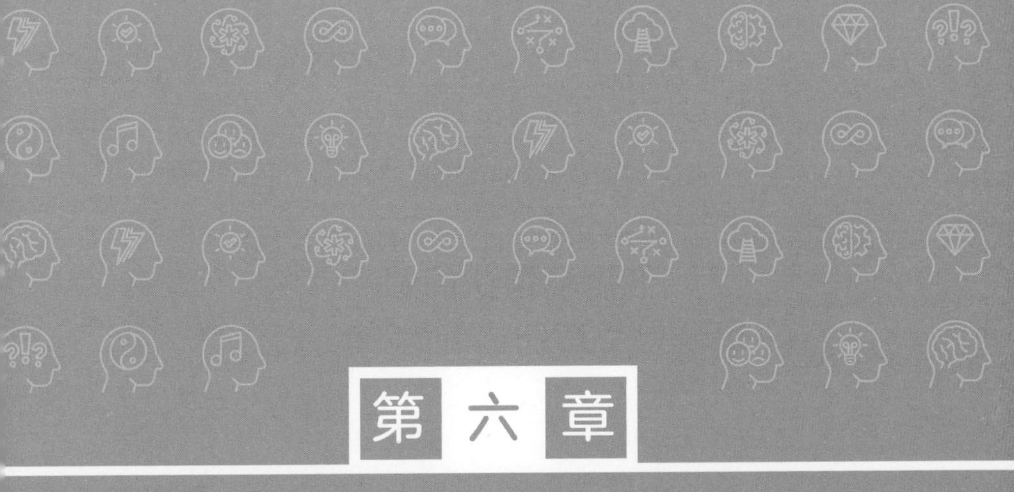

第六章

固有的思维习惯不利于逻辑思维的培养

1

你需清楚认识到：每个人都有自己的思维习惯

★思维习惯因人而异

在日常生活中，我们经常能见到爱啃手指甲的人。如果你问他为何这么做，我想，对方可能会说："我也不知道为什么，这只是我的一个习惯罢了。"除此之外，有的人也会有口头禅。其实说口头禅和咬指甲无异，都是人们在不知不觉中做出的行为。当然，思考也不例外，每个人都有自己的思维习惯。

例如，你写作业总是拖拉。虽然你很讨厌有拖延症的自己，可是你的大脑总是误导你：没关系的，再玩一会儿吧。久而久之，你自己也沮丧地承认："或许我天生就是一个懒惰的人。"其实很多时候，真正的罪魁祸首可能是你毫无察觉的思维习惯。也就是说，你总是认为"再玩一会儿没关系"的思维习惯才是幕后"真凶"。

再如：有的学生总是因无法和全班同学成为好朋友而苦恼。但是，事实果真如此吗？如果能意识到这一点，他就没必要因自己的妄加推断而闷闷不乐了。

不可否认，纠正无意识的思维习惯绝非易事。我们不妨先从发现自己的思维习惯入手，之后的纠正自然会越来越顺利。

典型的思维习惯

❶非黑即白的思考

常以“非黑即白”“非对即错”的认知来思考，渐渐产生极端化思维。例：如果数学不能考满分，那么一切努力都毫无意义。

为什么认为考不了满分就毫无意义？

❷负面思考

认为所有的事情都会朝着不好的方向发展，一旦失败，就认为“果然欠缺实力”。

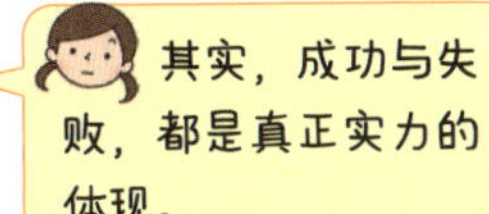

其实，成功与失败，都是真正实力的体现。

❸假设思考

“应该……”“必须……”
例：我必须和所有人都友好相处。

一个人不可能和所有人都意气相投，这样只会变成讨好型人格。

❹贴标签

片面地认为“他属于……类型的人”“我属于……类型的人”
例：他是A型血，所以一定是个做事认真的人。

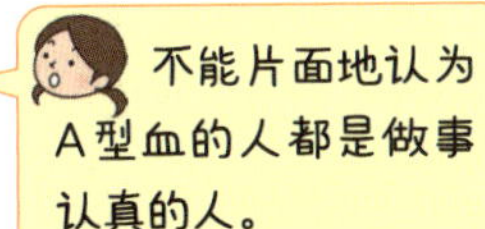

不能片面地认为A型血的人都是做事认真的人。

❺结论跳跃

“反正结局早已注定。”
例：反正我肯定赢不了比赛。

怎么能知道最终结果呢？

正在阅读本书的你是否也有上述思维习惯呢？此时，不妨使用自我辩论法。

想一想

- 你是否曾因固有的思维习惯尝到了失败的苦果？
- 你是否也有某种思维习惯？

2

思维认知偏差是培养逻辑思维道路上的最大敌人

★人类有多种思维认知偏差

逻辑思维最大的敌人是思维认知偏差。这些认知偏差往往让我们难以察觉到自身存在的问题，即使发现问题，我们也会想方设法将其正常化。所以，思维认知偏差可能会带来严重后果。

英语中有一个单词叫“bias”，翻译成中文是：偏见、偏差。我们常说的固执己见、先入为主等片面性的看法和观点都可以被称作思维认知偏差。而作为感情动物的人类，总是很容易陷入思维认知偏差的旋涡，做出不合理的判断，恐怕正在阅读本书的你也不例外。至此，思维认知偏差成了培养逻辑思维道路上的绊脚石。在很长一段时间内，我们都在想方设法消除这种偏差。事实证明，若想消除思维认知偏差，就要做到：站在客观的角度看待所有问题，养成实事求是的思考习惯。

调查研究表明，人类有多种思维认知偏差。如果我们能对这些认知偏差了如指掌，就能很轻松地消灭它们。为此，我会在后文中进行详细的解说。我相信，大家在阅读的过程中，一定会发出“啊，我完全属于这一类”的感叹。我也希望本书的讲解能够帮助大家消除思维认知偏差。

典型的思维习惯

证实性偏差 (→090 页)

有意或无意地寻找与自己已有的观点或假设一致的信息和解释。

后视偏差 (→092 页)

“其实，我早就知道结局会变成这样！”事情发生后总觉得自己事先的判断很准确，而事实并非如此。

正常化偏误 (→094 页)

总抱有侥幸心理，认为灾难不会降临在自己身上。

规划谬误 (→096 页)

是指人们在估计未来任务的完成时间时，倾向于过度乐观，低估任务完成时间。

内群体偏差 (→098 页)

认为自己所在的群体比别的群体优秀。

一致性偏差 (→100 页)

认为多数人的意见一定是正确的。

沉锚效应 (→102 页)

是指人们在对某人某事做出判断时，易受第一印象或第一信息支配。

不论是谁，都有过对事物的偏见或误解。其实这属于上述7种思维认知偏差中的一部分。除了上面提到的7种思维认知偏差，你还知道哪些思维认知偏差呢？不妨主动去调查一番。

- 试着问一下你身边的大人们是否知道思维认知偏差。
- 你是否曾对他人的固执己见深感无力？

3

证实性偏差
让我们只会站在自己的角度思考问题

★只想寻找能够支持自己观点的信息

“A型血的人做事认真”“B型血的人摇摆不定”……很多人喜欢将血型和性格联系在一起。但是，其他人并不这么认为。多项研究也证实了血型和性格的确毫无关系。

即便如此，坚信“血型性格论”的人也比比皆是。他们如果看到做事认真的A型血员工，一定会说：“看，我说得没错吧，他果然是A型血，因为这个血型的人都是踏实认真型！”

像这般，只寻找能够支持自己观点的信息的思维习惯，就被称作证实性偏差。一旦身陷证实性偏差的旋涡，即便看到了A型血员工不认真的一面，抱持这种思维习惯的人也会视若无睹。因为，如果承认A型血的员工也有敷衍马虎的时候，那么自己坚信不疑的“血型性格论”就无法自圆其说。

身为感情动物的人类，很难逃过证实性偏差的魔爪。那么，那些逻辑思维强大的人是如何避免证实性偏差带来的不良影响的呢？事实证明，越是逻辑思维强大的人，越喜欢用怀疑的眼光评判自己的想法是否正确合理。为了打消疑虑，他们会查阅大量的资料，也会听取外界的不同意见。只有这样，才能不被证实性偏差所蛊惑。

什么是证实性偏差?

证实性偏差

只会去证实自己认为对的事情，
而下意识地忽略其他反对信息

血型分为A型、B型、AB型、O型。如果只通过血型来判断性格，我觉得缺乏理论依据。

如何避免证实性偏差带来的不良影响?

- 判断是否被证实性偏差主导了自己的思想
- 尝试听取他人的不同意见
- 通过多种渠道搜集信息，不能只搜集和自己观点相近或相同的信息
- 养成用实际数据说话的习惯
- 亲自去验证事情的真假

想一想

- 你是否曾对那些与自己所持观点或假设不一致的信息、解释置之不理呢?
- 思考一下应该如何避免证实性偏差带来的不良影响。

4

后视偏差
让人们成为事后诸葛亮

★如果反复失败，一定要注意！

正在阅读本书的你，是否经常在得知结果后才说：“其实，我早就知道会是这样的结局！”

例如，在世界杯期间，一部分日本人看到日本和某足球强国对战时，坚定地认为日本队一定会赢，可是，当日本队输掉了球赛时，他们又立刻改口道：“你看！对方太强大了，怎么可能会赢！”为了证明自己的判断是正确的，他们不惜扭曲事实、抹杀过去的记忆。

像这样，明明自己的预测是错误的，可是在得知结果后，却狡辩自己的预测和结果是一致的，这种思维错觉被称作后视偏差。

最棘手的是失败时的后视偏差。虽说没有人会故意失败，可是如果陷入后视偏差的旋涡，就会想方设法为失败寻找借口。如此一来，就会陷入不敢面对失败、反复失败的恶性循环中。

事实证明：失败必然有其原因。逻辑思维强的人在面对失败时，不会想方设法去掩盖事实，而是会站在客观的角度去寻找背后的真正原因，通过一系列的努力避免自己在同一个地方再次摔倒。

什么是后视偏差?

后视偏差

明明自己的预测是错误的，可是在得知结果后，却狡辩自己的预测和结果是一致的；总是不由自主地认为自己的判断是正确的。

我的一个好朋友总是认为自己事先的判断准确无误，而事实并非如此。为了掩盖事实，他总是自欺欺人。阅读完此章节后，我会告诉他，其实是后视偏差从中作梗。

如何避免后视偏差带来的不良影响?

- 要清楚地认识到：不论是谁都很容易陷入后视偏差的旋涡。
- 如果想证明自己是正确的，就要提醒自己不要掉进后视偏差的陷阱。
- 需认识到：你的记忆远比你想象的要差。
- “果然不出我所料！”当萌生此想法时，要反思其原因所在。
- 预测结果时，要考虑多种可能性。

想一想

- 你是否曾自欺欺人，陷入后视偏差的旋涡?
- 你失败后，有没有反思过失败的真正原因?

5

正常化偏误
让人丧失危机感

★危险来临之际总是抱有侥幸心理

2011年3月，日本东海岸发生了强烈地震并引发海啸，直接导致15899人丧生。其中，大部分人都死于海啸。其实，地震发生后，海啸需要30分钟到1个小时才能抵达沿岸地区，也就是说，人们至少有30分钟的逃生时间。遗憾的是，虽然当地政府发布了逃生避难警告，但是，很多人都不以为意，并没有立即逃生，最终导致了惨剧的发生。像这样，不相信悲剧会发生在自己身上、低估事情的严重性、对危险视而不见、固执地认为自己必能死里逃生的心理，我们称之为正常化偏误。

那些看完新冠肺炎疫情的实时报道后，仍觉得自己一定不会感染的人，就抱有正常化偏误的思维认知偏差。

为何人类易陷入正常化偏误的旋涡呢？原因在于：人在危急时刻，都想通过某种心理暗示让自己不再害怕。殊不知，在自然灾害面前的侥幸心理很有可能让人们就此命丧黄泉。就连学校也会定期举行逃生演练，目的就是让人们面对火灾、地震等灾害时，不被正常化偏误的思想干扰，能够采取积极正确的行动，第一时间从灾害的魔爪中逃脱。

什么是正常化偏误？

正常化偏误

发生意料之外的危险时，受侥幸心理的控制，认为自己一定不会出事。

正是受到正常化偏误的干扰，很多人才没能从海啸中逃生。所以，当我们觉得万事大吉的时候，也要警惕是否已被正常化偏误找上门。

如何避免正常化偏误带来的不良影响？

- 要清楚地认识到：不论是谁都很容易陷入正常化偏误的旋涡。
- 要知道只有居安思危，才能时刻保持清醒。
- 模拟危急时刻的真实情景，提前做好逃生准备。
- 想一想：当危险真的来临时，应该怎样应对？
- 有备才能无患，否则，一旦危机来临，势必会措手不及。

想一想

- 你是否曾因盲目乐观让事态变得一发不可收拾？
- 你是否经常设想危急时刻的真实情景，并为此制订逃生计划呢？

6

规划谬误会让人过度乐观

★人们总喜欢把事情理想化

自律性强的人会严格按照自己制订的计划完成所有作业，但大部分人都习惯于在开学前的几天内集中完成。如果你属于后者，可曾有过这样的体验：面对堆积如山的暑假作业，越临近开学，就越感到绝望，于是一边写作业一边在心里默默发誓：明年一定要制订计划，并严格按照计划执行！可是，当下一个假期来临时，你却将曾经的誓言抛之脑后，重蹈覆辙。

像这样，总是乐观地认为即使在临近开学的那几天开始写作业也一定能完成，并据此制订计划的思维习惯，被称作规划谬误。例如，明知道不论是谁都会有身体不适的时候，但在制订计划时却完全没有考虑该因素。或许正在阅读本书的你也有过真切的体会。

若想根治规划谬误，不妨使用逻辑思维这剂良药。例如，面对30页的暑假练习册，当规划谬误占据主导时，就会认为："我1天能写完5页，所以只需6天就能完成。"但是，当逻辑思维发挥作用时，就会这样想："其实，我只有在状态绝佳的情况下，1天才能写完5页。如果按照平常的学习效率，一天只能完成3页，所以必须留出10天的时间。"

什么是规划谬误?

规划谬误

曾经就因过度乐观导致了失败，但在制订新计划时，仍然过度乐观，低估任务的完成时间。

我明明觉得时间很充裕，可到头来总是因为时间不够导致做事虎头蛇尾。原来都是规划谬误从中作梗啊！

如何避免规划谬误带来的不良影响?

- 要清楚地认识到：不论是谁都很容易陷入规划谬误的旋涡。
- 实际测量做某事需要的时间，再和自己的预想做比较。
- 制订计划时需考虑突发情况。例如，要考虑到一旦出现身体不适就很难按计划完成当天的任务。
- 在全面考虑各项影响因素的前提下制订计划。
- 可以让他人帮忙确认计划的可行性。

想一想

- 你每次都能按计划完成暑假作业吗?
- 如果你不能按计划完成任务，就要重新审视制订的计划是否太过理想化。

7

什么是内群体偏差

★人们总是在感情上倾向于自己所属的群体

你是否总是认为自己所在的班级比其他班更厉害？如果抱有这种想法，你很可能是受到了内群体偏差的影响。所谓内群体，是指自己所在的群体，而外群体是指自己所属群体之外的其他群体。而人们总是在感情上不由自主地倾向于自己所属的群体。

内群体偏差中的群体可以是班级、学校，也可以是某个地区。“我坚信我们班是最厉害的！”“我们学校的实力相当强大！”其实有的时候，我们对自己所在群体的那种偏爱是无意识的，但是，当我们学习了内群体偏差后，就应该清楚自己的这种偏爱行为其实是一种思维认知偏差，从而能够客观地看待内、外群体的区别。

什么是内群体偏差?

内群体偏差

给内群体的人以更高的评价，总是在认知上倾向于自己所属的内群体。

虽然我们班和隔壁班从未进行过足球比赛，但是我始终坚信：只要举办比赛，胜利就属于我们班。或许我的这种心理就是受到了内群体偏差的影响。

如何避免内群体偏差带来的不良影响?

- 要清楚地认识到：不论是谁都很容易陷入内群体偏差的旋涡。
- “我所在的群体真的那么厉害吗？”要学会对此想法抱有质疑。
- 对比内、外群体时，要以客观数据作为依据。
- 请注意：不要拿内群体的优点和外群体的缺点进行比较。
- 正所谓旁观者清，不妨听取第三方的意见。

- 你是否也认为自己所在的群体是最厉害的？
- 如果总以偏袒的目光看待自己的群体，会带来怎样的后果呢？

8

一致性偏差
让人们只会随波逐流

★只要和大家步调一致，就会相安无事吗？

课堂上，老师让学生们举手回答问题，主动举手的人往往只占少数。其原因有两点：其一，因害怕答错而不敢举手；其二，因为大部分人都不举手，所以自己也不想当出头鸟，即使被批评，也是集体犯错，不用独自一人承担错误。人们明明知道和大家步调一致会犯错，也会毫不犹豫地站在大多数人这一方，只为寻求身处集体中的那一丝安全感。这种思维倾向被称作一致性偏差。

前文中我曾提到很多人在日本东海岸的地震海啸中丧失了宝贵的生命，其实，这些人不仅受到了正常化偏误的影响，同时也受到了一致性偏差的误导。因为，在人群当中，肯定有人曾想过去高楼里避难，但一看周围的人都无动于衷，自己也就打消了逃生的念头，最终导致了惨剧的发生。

如果在地震发生时，有人能率先带头逃难，其他人见状后必会争相效仿，那么或许沿岸地区的人们就不会遭此浩劫。因此，如果能正确利用一致性偏差，也许会给人类社会带来巨大贡献。

什么是一致性偏差？

一致性偏差

迷茫无助时，倾向于认为多数人的意见一定是正确的，坚信只要和大家步调一致，自己一定会平安无事。

我在马路上有时会看到行人集体闯红灯，或许他们正是受到了一致性偏差的误导吧！

如何避免一致性偏差带来的不良影响？

- 要知道即使和大家步调一致也会犯错。
- 从每天的日常生活中培养逻辑思维，提高自身的判断力。
- 不要为了迎合他人而轻易改变自己的想法，要有自信和勇气去说服他人。
- 如果你认为自己的想法是正确的，要有身先士卒的勇气和魄力。

- 你是否有过在得知自己和他人意见一致时突然就放下心来的经历？
- 你是否为了迎合大多数人而改变过自己的想法？

9

受第一印象支配的沉锚效应

★商品打折会激起你的购买欲吗？

你去超市买罐头，当发现500日元的价签上贴着一张300日元的打折价签时，你会作何感想？我想大部分人的第一反应都是：如此大的折扣力度，值得购买！如果这款商品从一开始就贴着300日元的价签，我想没有人会觉得实惠吧！由此可见，虽然产品的售价都是300日元，但是给人的印象却迥然不同。

像这样的心理我们称之为沉锚效应。商家们通过张贴折扣价签促销的行为，正是利用了沉锚效应带来的连锁反应。为了避免沉锚效应带来的不良影响，我们不能看到有折扣就无节制地购买，而是要静下心来问自己：我买了它，今后真的能用得上吗？事实证明，因为图便宜买了用不上的东西，到最后再便宜也不便宜了。

沉锚效应并非一无是处，例如，你和客户约好时间见面，但是出于堵车等原因你可能会迟到10分钟，此时，你可以和客户联系说："不好意思，我可能会迟到20分钟。"即使你真的晚了10分钟，客户也会因你比约定的迟到20分钟（基准）早了10分钟而改变对你的不好印象。

什么是沉锚效应?

沉锚效应

锚一般指船锚，是船停泊时所用的器具，用来固定船舶。而沉锚效应是指人们在对某人某事做出判断时，易受第一印象或第一信息支配，就像沉入海底的锚一样把人们的思想固定在某处。

为了预防迟到，可以利用沉锚效应，但是注意不要陷入规划谬误的旋涡。

如何避免沉锚效应带来的不良影响?

- 不要低估先入为主的影响力。
- 如果不知道如何选择，就不要当机立断，等冷静下来后再做判断。
- 如果时间充裕，最好通过查阅资料来判断你的第一印象是否准确。
- 学会站在客观的角度评判所谓“基准”的合理性。

想一想

- 寻找你身边存在的沉锚效应。
- 可以问一下你身边的大人们：是否曾经因为图便宜买了用不上的东西?

趣味猜谜

究竟哪条线更长？

下图中有一条红线和一条蓝线，你觉得哪条线更长？请凭你的第一直觉快速回答！

答案见本书124页。

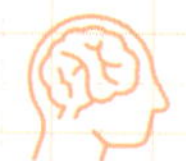

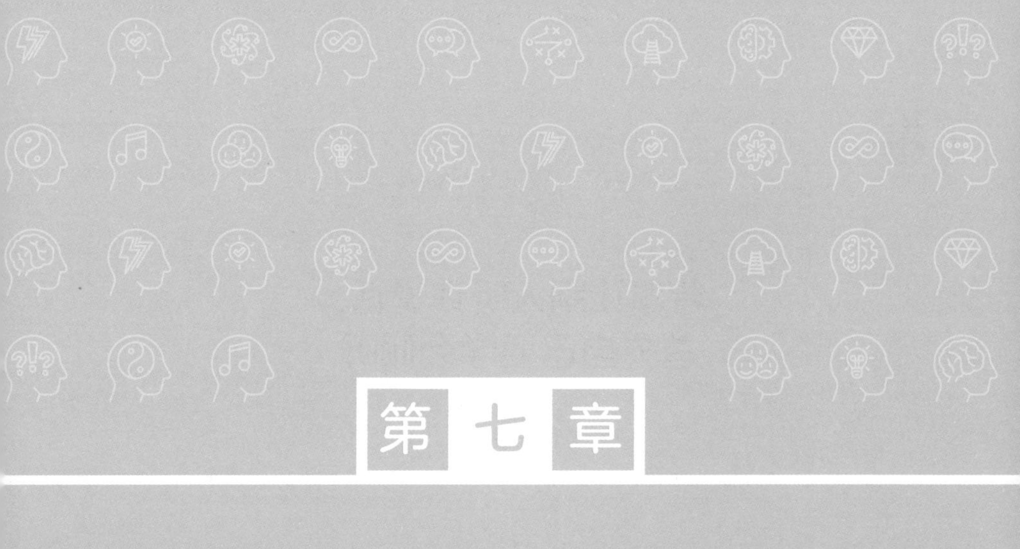

第七章

让逻辑思维成为强大内心的秘密武器

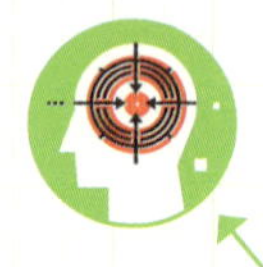

1

若想让别人听你说话，首先自己要学会倾听

★发表看法的同时兼顾他人的想法

聊天时，如果对方一直在滔滔不绝，不给你说话的机会，你会作何感想？我想你应该不会认为这是一次愉快的聊天，甚至不想再继续听下去。

除此之外，有些人喜欢打断他人说话，自顾自侃侃而谈，虽然他们并无恶意，但你就是不愿意继续倾听；也有的人在听取他人意见时，总喜欢全盘否定对方，让说话人尴尬无比。如果你也有上述倾向，不妨使用“yes, but”定律。

如果对方在你说话时左顾右盼，你也不会认真听对方讲话。对此，我想我们每个人都深有体会。当然，反之亦然。所以，若想让别人听你说话，首先自己要学会倾听。如果说话双方都能意识到这一点，就能实现愉快交谈。

小知识

“yes, but”定律

先接受（yes）再否定（but）的说话方式。如果你不同意某个人的想法和意见，要先指出其中的可取之处，再批评其中的错误和不当之处。

学会认真倾听

- 如果对方在你说话时左顾右盼，你会是什么心情？
- 你是否只会否定他人的想法？

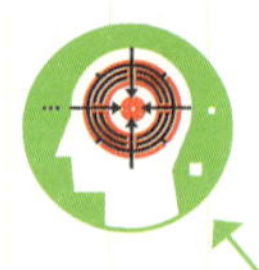

2

可以讨厌一个人，但不要否定他的一切

★不要因为对某个人的好恶而失去客观判断的能力

“我讨厌那个人，所以我不想赞成他的意见！”正在阅读本书的你是否也有过类似想法呢？我们每个人都有喜欢的人，当然，也会有讨厌的人。关于这一点，很遗憾，谁都无法轻易改变。虽说“四海之内皆兄弟”是最理想的社会形态，但事实证明，要想实现它，简直是天方夜谭。

例如，班会上，老师让大家讨论选哪首歌参加合唱比赛，你讨厌的A举手提议道：“我推荐罗大佑的《童年》。”虽然你很喜欢这首歌，可是你非常讨厌A，所以不想赞成其观点。最终，你把票投给了同学B推荐的《让我们荡起双桨》。

像这样，因为对某个人的好恶而改变自我主张的行为一定不具备逻辑性。本来可以在合唱比赛中唱自己喜欢的歌，仅仅因为不喜欢A这个人，就违背本意选择了不喜欢的歌曲，你认为这样是胜利吗？

逻辑思维强的人都会将个人恩怨和最终选择分开，不会因喜欢或讨厌一个人就轻易改变自己的意见或立场，即便对方是自己厌恶的人，如果他提出的意见很有参考价值，也会欣然采纳。

一定要坚定自己的想法

想一想

- 如果你和自己不喜欢的人抱有相同的看法，你会因讨厌对方而轻易改变自己的主张吗？
- 你会接受讨厌的人提出的好建议吗？

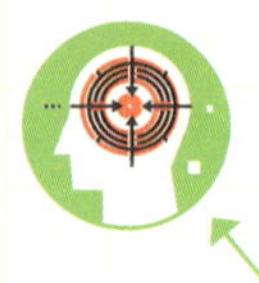

3

正因为有不同的声音，世界才丰富多彩

★这世间，每个人的想法都不尽相同

如果你从视频网站上看到的内容都是相同的，你还想继续看下去吗？我想，任何人都会毫不犹豫地选择放弃。正因为视频网站的视频节目种类繁多、丰富多彩，才受到了人们的喜爱。

如果全世界的人和你的想法完全相同，再无对立和质疑，你会感觉到轻松吗？我想答案一定是否定的，因为失去了差异化的世界会变得无聊至极。

我们和好友聊天时也一样，不可能永远意见一致，也会时常发生意见不一的情况。当出现分歧时，相互争论虽不可避免，但是不得不承认：很多时候，我们会被对方独特的视角所折服，也会从中发现一些自己从未关注的地方。当我们观看搞笑节目时，如果演员的想法和观众完全一致，怎么能逗得大家捧腹大笑呢？

这世间，每个人的想法都不尽相同。每一天，都有数不尽的新奇想法诞生于世。我们在重视自我主张的同时也需尊重他人的意见。只有如此，这个世界才会变得更加五彩缤纷。

人世间，当然会有不同的声音存在

想 一 想

●试着想象一下：如果人世间再没有和你意见不一的人，这个世界会变成什么样子？

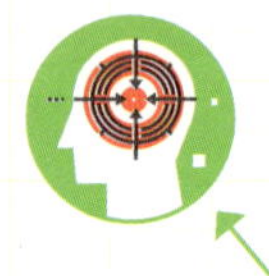

4

切勿将简单的讨论演变为胜负追逐

★“我不想输给他！”从抱有该想法的那一刻起，你就已经输了

班会上，全班同学就“如何加深同学间的友谊”这一话题展开了讨论。此时，A举手建议道：“可以每个月调换一次座位，这样就能加深对其他同学的了解了。”面对A的提议，你立即提出反对意见道：“迄今为止，我们班也调换过几次座位，但一部分人仍旧没办法和他人和平相处。由此可见，你的提议毫无参考价值！”此时，被你全盘否定的A瞬间变得面红耳赤。而你却在心里扬扬得意道：“你看，最后胜利的人还是我！”

我想说明的是：首先，讨论的目的是寻求一种解决方法，并不是为了一决高下；其次，一旦大家都抱有“只要反对对方就算胜利”的错误认知，那么，今后的任何讨论都将难以进行。久而久之，就会演变为：只要有人提出自己的意见主张，其他人就会不分青红皂白地全盘否定，还会故意挑刺，变得吹毛求疵，以及对对方的各种诉求视而不见……

我想，谁都不愿意看到每一场讨论都以争吵告终。为此，就需要我们在探讨中时刻铭记讨论的真正目的。

讨论的目的并不是分胜负

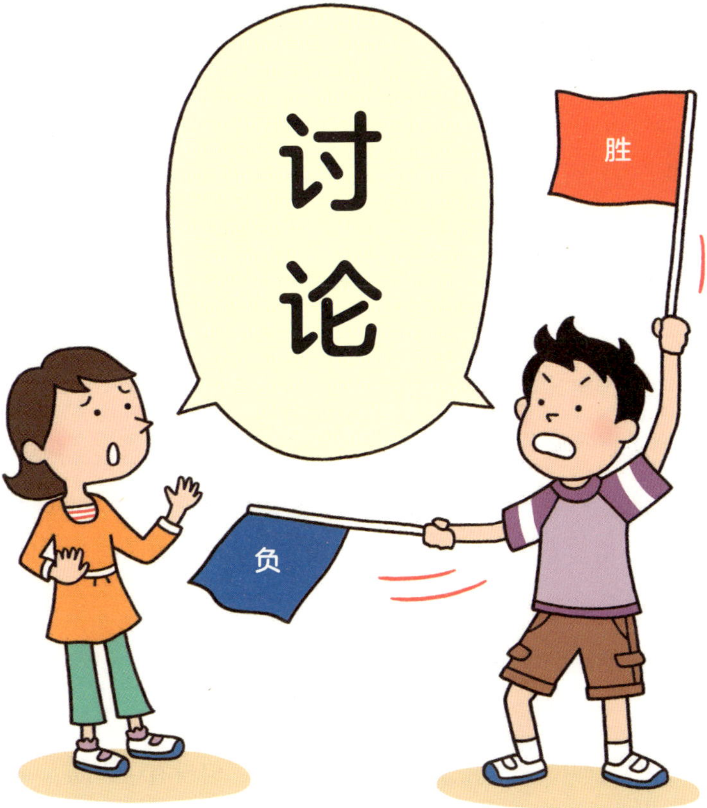

想一想

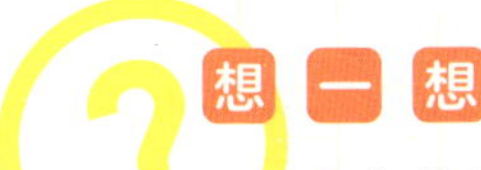

- 当你被他人全盘否定时，会是什么心情？
- 你会因个人恩怨无故赞成或反对他人的意见吗？

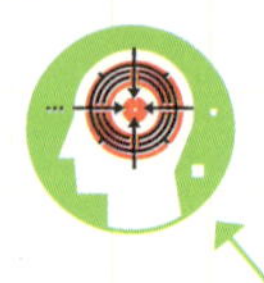

5

即便你说的话无可挑剔，也没有人愿意听

★说话三要素

如果一个爱说谎的人对你说“只要喝了这种药，人就会变得聪明”，你会相信他说的话吗？

其实，若想让你的讲话打动人心，你需要具备三大要素。这三大要素是古希腊著名哲学家——亚里士多德经过多番论证得出的，分别是：人品（Ethos：给人留下好印象）、情感（Pathos：将自己的真情实意传达给对方）、逻辑（Logos：用严密与合理的逻辑来说服对方）。

从上述的举例中我们可以得知：一个善于说谎的人，终究难以赢得人心。究其原因，在于他的人品已经让人们彻底失望。在说服他人时，即使兼具情感和逻辑两大要素，但没有了人品，一切也都是徒劳。

当然，只具备人品也是不行的。例如，说话时让人很难感受到情感的话，也会让倾听者失去兴趣。想一想那些说话极具吸引力的人，是否兼具了人品、情感、逻辑三大要素呢？

打动人心的说话三要素

若想掌握说话三要素，需要日复一日地不懈努力。在日常的对话中就要有意识地加入这三个要素。

人品
（Ethos）
给人留下好印象

情感
（Pathos）
将自己的真情实意传达给对方

逻辑
（Logos）
用严密与合理的逻辑来说服对方

三个要素缺一不可！

人品吗？

想一想

- 你能熟练使用说话三要素吗？
- 如果你身边的人说话没有吸引力，你认为他们欠缺哪个说话要素？

6

能够站在对方立场上思考问题的人才是真正的强者

★语言是武器也是凶器

生活中，我们总能遇到这样一类人，他们喜欢从他人的话语中找出不合逻辑的地方，并对此严厉纠正。我不否认，这部分人十分聪明。但是，他们可曾想过：这种只要对方不束手就擒，自己就誓不罢休的行为会带来怎样的后果？其中的一个可能性就是让对方怀恨在心，对方会认为：虽然他说的话不无道理，但是他穷追不舍的做法让我很难接受，我以后再也不和这种人说话了！

不可否认，每个人都有说出自己真实想法的权利，但是，那些完全不顾虑他人心情、口无遮拦的人绝不能称为真正的聪明人。对于人类来说，人品和情感是上天赐予我们的最好礼物。所以，我希望大家都能站在对方的立场上思考问题，都能在讲话时顾及他人的真实想法。

逻辑思维是让我们内心变强大的秘密武器。即便如此，我们也不能用它来伤害别人。正如真正的勇士最具力量也最温柔一样，具有逻辑思维这一强大武器的人也绝不会以此来欺负弱小。如果不能站在对方的立场上思考问题，不能具备一颗同理心，那么，语言就会成为最锋利的凶器。

让我们学会站在对方的立场上思考问题

想一想

- 你是否有过这样的经历：明明觉得自己没说错话，却惹得对方怒不可遏？
- 想一想你身边的语言暴力。

趣味猜谜

让谁使用降落伞逃生?

一个化学老师、一个物理老师、一个生物老师在共同乘坐一个热气球时，因为充气不足，热气球即将坠落。三人经过思想斗争后觉得应该立刻跳伞求生，可降落伞只有一顶，让谁使用降落伞逃生最合适呢？三人经过一番商量很快做出了合理的决定。

你觉得他们最终会让谁使用降落伞逃生呢？

答案见本书125页。

答案

1元钱去哪儿了？

27元里面就含有买瓜子的2元，再加上每人分的1元，合起来刚好是30元，一点儿也没错。

答案

橡皮究竟多少钱?

铅笔和橡皮一共110日元，铅笔比橡皮贵100日元。那么，橡皮多少钱？请迅速从下面3个选项中选择正确的答案。

①100日元　②10日元　③5日元

受思考时间的限制，多数人会选择②。但是，②并非正确答案。

请大家仔细想一想，如果选择选项②，橡皮就是10日元，因为铅笔比橡皮贵100日元，那么铅笔就是110日元。如此一来，橡皮+铅笔=120日元，这显然是错误的。

其实，正确答案是选项③。因为如果橡皮是5日元，铅笔就是105日元，加起来正好是110日元。

生活中有很多事看似简单，但是，如果不假思索地干，很容易出错。所以，即使你对选项②自信满满，也需再次确认，谨慎行事。

答案

一共能喝多少瓶汽水？

如果仔细思考这道题，小学生也能得出正确结论。可是，算错的成年人却比比皆是。

如果将150瓶都喝光，就有150个空瓶，能换30瓶汽水。而30个空瓶又能换6瓶汽水，6个空瓶还能换1瓶汽水。

这样一来，一共能喝到：150瓶+30瓶+6瓶+1瓶=187瓶汽水。所以正确答案是③。

很多成年人只考虑到喝完150瓶汽水后，150个空瓶能换30瓶汽水，所以毫不犹豫地选择了第一个选项，却忽略了只要满5瓶还能再换1瓶的事实。由此可见，遇事只有慎思明辨，才能找到准确答案。

答案

究竟谁能最先抵达终点？

假如你身处此大厦，会选择哪一个选项呢？其实，本题中含有一个小陷阱。让我们静下心来仔细想一想：1层往上一层是几层呢？谁都知道是2层。那么1层往下一层是几层呢？当然是地下1层，而非地下2层。

所以，A想要抵达终点，需要往上走9层。但是，B想抵达终点的话，就需要往下走10层。在速度一致的前提下，当然是A先抵达终点。

答案

到底是谁放的屁?

请大家不要忽略这样一条重要提示，即：真正放屁的人说了实话。也就是说：没有放屁的人说的是假话。

如果A说的是实话，那么放屁的人一定是A。而A说屁是B放的，证明A在撒谎。同时也能证明屁不是B放的。那么，“嫌疑人”非C莫属。

你明白其中的逻辑了吗？如果此刻的你还是一头雾水，请重新厘清思路，思考为何C才是“真凶”。

答案

究竟哪条线更长？

我想多数人都会选择红线，但是，正确答案是：两条线一样长。“不可能！我不相信！”很多人都会发出质疑的声音。如果不相信，不妨用尺子量一量。

经过丈量，你就会发现：原来两条线真的一样长。这就是有名的“缪勒–莱尔错觉”。

俗话说眼见为实，我们始终坚信自己亲眼看到的一定是真实的、准确的，但是“缪勒–莱尔错觉”告诉我们眼见不一定为实。

答案

让谁使用降落伞逃生？

他们会让三人之中体重最重的那个人使用降落伞逃生，这样剩下的人才能获得最大的生还概率。